小網代の谷へ行こうよ!!

三浦半島・小網代《こあじろ》の谷の全景。源流から河口干潟までまるごとの流域が残る奇跡の自然です。(撮影・神奈川県立青少年センター)

①小網代の谷の入り口です。②川辺には巨大なシダ、アスカイノデが群生。③流域の中心を流れる浦の川。

④中流の湿原にはハンノキ林が。⑤小網代の湿原はかつて田んぼでした。⑥下流の大湿原にはジャヤナギの林。

⑦下流の大湿原には沼があってカエルやトンボのヤゴの住処《すみか》に。⑧河口へ向かう木道の両脇には広大なアシ原が広がっています。⑨河口のえのきテラスから湿原を望む。

⑩様々な貴重種が棲む小網代の干潟。⑪満潮時にはすっかり海の中に。⑫小網代湾から見える富士山は美しい。

小網代の海の生きもの

①オオトゲトサカ、ダイダイカイメン、ガンガゼ。②ソラスズメダイ。③タコクラゲ

「水」の土木作業　川の流路を変え、杭を打ち、地下水位を上げ、乾燥した土地を湿原に変えます。

かつて湿原だった土地は　①乾燥してアシがなくなりササに覆われていました。②3m以上のササを刈り取ります。③ササがなくなりすっきり。④刈り取ったあとは湿原に戻し、真ん中に木道を通すための工事を進めます。

①

②

③

④

⑤地下水位を上げ木道を通します。⑥木道が完成。工事車両の通行跡はわざと残す。⑦半年後、通行跡が沼になり30年ぶりに稀少水生植物類が芽吹きました。⑧一面のササ原が見事なアシ原に回復されました。

小網代の生きものたち

浦の川の流域は生物多様性の宝庫です。

①アサヒナカワトンボ②ゲンジボタル③ハマカンゾウ④カラスウリの花⑤アサギマダラ⑥ミヤマクワガタ⑦サラサヤンマ⑧オニヤンマ⑨モンキアゲハ⑩フデリンドウ

⑤

⑥

⑦

⑧

⑨

⑩

小網代には60種類以上のカニが生息。
①ハマガニ②アシハラガニ③サワガニ

干潟のカニたち。④ダンスをするチゴガニ⑤大きなハサミのハクセンシオマネキ⑥コメツキガニ

小網代を象徴するアカテガニ

夏に幼生を海に放ち、それから１カ月後陸に上がって子ガニになる。海と陸を行き来する彼らにとって森と海がつながった小網代は楽園。

夏はアカテガニの繁殖期。満月と新月の夕暮れ時、一斉に海に降りてお産をする。

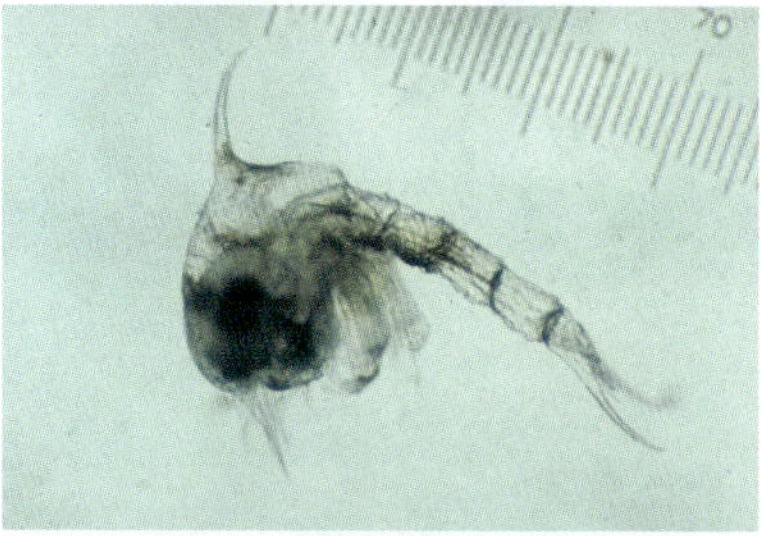

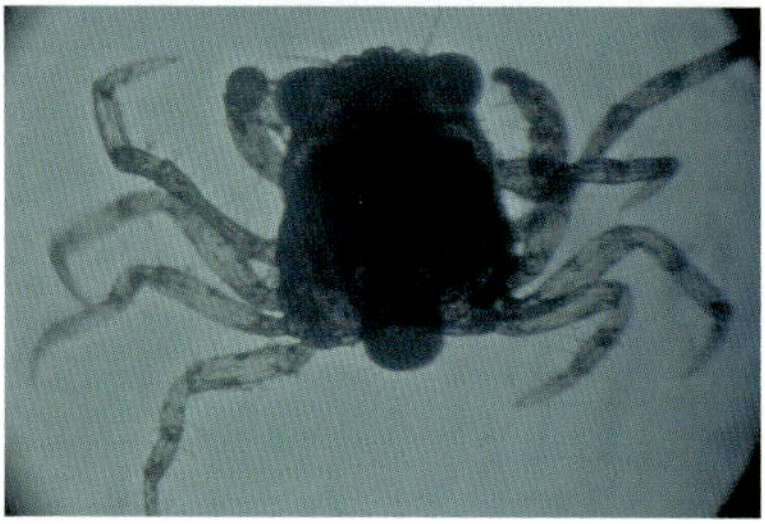

上：海中で幼生を放つ。中：幼生ゾエア　下：幼生メガロパ

上流を目指す子ガニたちの群れ。

アカテガニは樹上で生活することも。

「奇跡の自然」の守りかた

三浦半島・小網代の谷から

岸由二／柳瀬博一

Kishi Yuji　Yanase Hiroichi

★――ちくまプリマー新書

254

目次 * Contents

イラスト／たむらかずみ

はじめに　小網代入門

小網代《こあじろ》の森は、2005年に保全の決まった、全国の自然保護の分野で注目されている、神奈川県三浦半島の緑の谷です。本書は若い読者のみなさんに、その小網代のユニークな保全の歴史を、楽しみながらじっくり理解していただき、もちろん小網代散策にもぜひ出かけていただきたいと願って執筆されました。でも、保全の歴史をたどる本文には、ときに高校生の皆さんには難しい展開があるかもしれません。そんなとき、みなさんが混乱せず、読み進んでいただけるよう、小網代の自然の概要、本書のテーマの概要を、冒頭でざっとお話ししておきたいと思います。では、さっそく小網代の谷、ご紹介です。

オンリーワンの谷

「小網代の森」は三浦半島の先端にある、ひとまとまりの自然です。

東京からは電車で約60㎞。東京・品川《しながわ》駅からだと、京浜急行に1時間半乗って終点の三崎口駅で降り、そこから1.5㎞歩くと、小網代の森の入り口に到着です。東京からぎりぎり通勤圏内にある森ということですね。

広さは70ha。東京の明治神宮とほぼ同じ面積。大きさだけでいったら首都圏に、もっと大きな森はいくつもあります。広大ではありますが巨大な森というわけではありません。トキやパンダみたいなすごく珍しい生きものがいるわけでもありません。コウノトリもいなければ、カワウソもいません。小網代で見られる生きものの多くは関東地方で普通に見られるものが中心です。

それでもこの森は、首都圏で「オンリーワン」の自然なのです。もっと大きく言ってしまうと、世界中の大都市、ニューヨークやロンドンやパリや北京《ペキン》やバンコクやシンガポールやリオデジャネイロの通勤圏内にある自然を見わたしても、もしかしたら「オンリーワン」の存在なのかもしれないと、私はひそかに思っています。

なにが「オンリーワン」なのか？　小網代の森は、ひとつの「流域」が源流から河口まで、まるごと自然のまま守られている、という事実が、オンリーワンなのです。

「流域」については本文や192ページで詳しく説明しますが、ざっくりいうと、山のてっぺんから河口まで、川が削ってつくった葉っぱのようなかたちの凹んだ地形のことです。

ほとんどの土地は、必ずどこかの川の流域に属します。東京近郊でいうと、「利根川」流域があって、その隣には「荒川」流域があって、「神田川」流域があって、「渋谷川」流域があって、「目黒川」流域があって、「多摩川」流域があって、「鶴見川」流域があって、という具合です。雨の降らない砂漠や、一年中氷の溶けない極地を除くと、陸地のほとんどは「流域」によって区分されます。太古の昔からずっとです。

みなさんも、必ずどこかの川の流域に暮らしています。渋谷に住んでいようと、岸和田に暮らしていようと、シリコンバレーに居を構えていようと、バクダッドに滞在していようと、それぞれの場所は、必ずどこかの川に注ぐ流域のどこかに属しています。

空から降ってくる雨水とが、大地を削ってつくる流域という地形は、地球の陸地を区切るもっとも「自然」な地形の単位、生態系の単位です。このため大地に住まう多くの生きものたちも、流域の単位に沿って暮らしてきました。川を遡ったり、あるいは降ったり、海と山とを行ったり来たりしながら。

人間もまた、「流域」を利用して暮らしてきました。巨大文明は、大河川の河口部で発達しています。ナイル川とオリエント文明。チグリス ユーフラテス川とメソポタミア文明。インダス川とインダス文明。揚子江《ようすこう》や黄河《こうが》と中国文明。日本でも東京は利根川と荒川の流域河口部に、大阪は淀川《よどがわ》河口部に発達した都市です。

その結果、ほとんどの川の流域で、人間の暮らしが繰り広げられています。どんなに上流部が清流であろうと、中流には住宅街や工場があったりして、河口部は汚れていたりします。また、川の途中にダムがあったり、あるいは道路が横切ったりしています。

ところが小網代の森は、真ん中を流れる川の最上流部から河口の干潟まで、1軒の家も工場もなければ、自動車が通るような道路もありません。たった70 haしかありませんが、流域という地形がまるごと自然のままで残されているのです。

「流域が源流から海までまるごと自然のまま残されている」。この規模のひとつの流域の自然がまるごと残されているところは、関東地方では小網代ただひとつ。これが小網代の森のオンリーワンなところであり、貴重なポイントなのです。

では、流域がまるごと自然で残されているというのがなぜ「貴重」なのか？　そもそも流域は、雨の降る大地の基本生態系なので、大地の全ては流域で覆われているのです。にもかかわらず、完全な形の流域がたったひとつしかないとわかったら、それ自体がとんでもなく貴重ということになりますね。自動車は無数にあっても、基本パーツが全て正常な自動車は、いま1台しかないとわかったら、その車は文字通りオンリーワンの貴重車です。さらにいえば、流域生態系がまるごと自然であるということは、生態系を作り上げる森や、草地や、池や、川や、海辺などの地形の要素が、人間の活動によって破壊されたり、汚染されたりせず、しかもとんでもなく多様であるということですね。住み場所が多様であれば、住む生きものの多様性がケタ外れに豊かになる。これもまるごと自然の流域がもっているきわめて大きな価値といえるのです。

ユニークな保全活動

そんな小網代の森は、ずっとずっと大切に守られていたわけではありません。1980年代、小網代の森を所有している企業と地主さんの意向でリゾート開発が計画され、1990年代には開発で消えてなくなるはずだったのです。

著者である私たち（岸由二《きしゆうじ》と柳瀬博一《やなせひろいち》）は、開発が明らかになる1985年よりほんのちょっと前に、この小網代の自然の存在を知りました。その貴重さに気づき、そしてゴルフ場開発の計画を知り、小網代の森の保全活動を続けました。それから30年。結論をいってしまうと、ゴルフ場もリゾートホテルもヨットハーバーもつくられることなく、小網代の森は、流域がまるごと、ほぼ全面にわたって保全されたのです。

国が保全の網をかけ、神奈川県が土地を買収し、誰もが楽しめるように1本の木道を通すだけの整備を行って。2014年の夏に一般開放され、誰もがいつでも無料で小網代の森を散策できるようになりました。テレビや新聞でも大きく特集されて紹介され、けっこう有名な存在になりつつあるのです。そして、いま私たちは、保全の実現したその森で、神奈川県、三浦市、(公財)かながわトラストみどり財団と連携し、NPO法人のスタッフとして流域の森や川や湿原の「手入れ」を続けているのです。

しかし、ゴルフ場になるはずだった小網代の流域は、いったいどうやって守られたのだろう？本書は、この「?」に答える物語を、時系列にそってつづってゆくのですが、ポイントを明確にするために、最初に基本的な答えを紹介してしまいましょう。私たちのミッションはこうでした。「行政も同意する可能性の高い、大企業によるゴルフ場開発の危機にある自然を、一体全体、どう守る」。

さあ、みなさんだったら、どうやって守ります？　典型的な自然保護のイメージで、対策を並べてみましょう。

1　珍しい絶滅危惧種をみつけて、貴重だから守れ！　という。
2　開発する企業や自治体を「悪者だ！」といいふらす。
3　開発は何が何でも反対！　木一本倒すな！　と主張する。
4　いろいろな人たちに声をかけて反対デモを行う。
5　政治家にお願いして、開発反対の声を拡散する。

うんうん、そうだよね、と思う人、少なくないのではと思うのですが、いかがでしょうか。

では、小網代の森はどうやって保全したのでしょうか？　その答えは――。

1　珍しい生きものが貴重と言うのではなく、「流域まるごとの自然」が貴重だと言う。
2　開発する企業や自治体を悪者にせず、一緒にやっていきましょうと歩みよる。
3　開発反対！　と言わず、開発は賛成です！　と言う。
4　反対デモなどはいっさいやらない。
5　反対が得意なだけの政治家さんや団体さんには声をかけない。

そうです、小網代の保全運動は、普通に常識と思われているような自然保護運動の活動とは、たぶん、逆のことをやったのですね。

小網代の自然が守られたあと、公有地となった小網代の流域では私たちが組織するNPO法人小網代野外活動調整会議が、神奈川県、三浦市、（公財）かながわトラストみどり財団と連携協働して、日常的な維持管理活動を行っています。じつはその維持管理の方法も、おそらくみなさんが考える保全活動の常識とはかなり違っているかもしれません。普通、みなさんが想像する自然保全のイメージはこんな具合ではないでしょうか？

① せっかく守られた貴重な自然だから森にはいっさい手を入れず、「手つかず」にする。
② もちろん、1本たりとも木は切っちゃダメ。
③ まるごとの自然を守るため、森の中にはいっさい人工物を入れない。
④ 国立や県立の公園などにして、公園のプロに管理は任せる。

実際はというと……。

①　森には定期的に人が入り、水の流れから湿原や木々の生え方まで「手入れ」する。
②　重要な自然だからこそ、時には大胆に木も切る。
③　人工の木道を、上流から河口まで１本通す。
④　公園管理にせず、ＮＰＯの民間スタッフが、日常的な管理や案内を行う。

現在の小網代の自然の保全の仕方も常識的な「自然大好き」な人のイメージからすると、「常識外れ」かもしれないのです。時に、私たちは、森の木々を数十本伐採したりします。知らない人が見ると、私たちは森を守っているんじゃなく、破壊しているかのように思えるかもしれません。

でも、小網代の森は、こんなやり方で、安全と魅力を確保し、よりたくさんの生きものが暮らせる生物多様性の豊かな環境を整えつつあるのです。一時は絶滅寸前だったホタルがシーズンになると一晩で１０００匹も乱舞し、小網代の名物の生きものアカテガニが、真夏の夕方には海岸沿いを埋め尽くすほど現れて、お産をするようになっているのです。

小網代は自然保護運動の方式も自然保全の作業も、従来のイメージからすると少々型破りかもしれません。もちろん私たちは、小網代で成功した私たちのやり方が万能だなどとは思いもしません。しかし、実は、難題で頓挫《とんざ》している多くの自然保護運動や自然保全作業の一部に、確実に役に立つケーススタディになっているはず、とも考えています。もしかしたら、あなたの周囲の貴重な自然も、「小網代方式」だったら、守ったり維持できたりするかもしれませんね。

源流から干潟へ 流域紙上散歩

小網代の谷のユニークさ、保全の歴史を概観していただいたところで、みなさんを谷の散策にご招待しておこうと思います。もちろん、紙上散策です。小網代流域の風景の概要を理解していただくと、谷の自然や運動の歴史の説明が楽になるという事情があるのです。

では、いざ、小網代へ。

京浜急行の南の終点、三崎口駅を降り、目の前を通る国道134号線を右側の歩道をたどって三崎港方向に進みます。20分ほど歩くと「引橋」というバス停留所に到着。歩道の右手の眼下に大きな緑の谷が現れます。緑の向こうには相模湾《さがみわん》の青が輝き、その先には伊豆半島の影が見えます。この緑が小網代の森つまり全体保全された小網代の流域です。

源流の森から河口、そして海までまるごと自然のまま保全された小網代の流域＝小網代の谷＝小網代の森は、面積にして約70ha。三浦半島の先端部では、真ん中を走る国道134号線がちょうど尾根にあたります。引橋バス停付近の標高は約80m。なんと道路が走っているのが山のてっぺんになります。眼下の小網代の緑は、川の源流部、というわけです。小網代の森を背にして反対側、つまり進行方向左側の海は東京湾です。もしこの頭上に雨が降ると、134号線上に降った雨は、小網代の森から相模湾に流れるのと、反対側の東京湾に流れるのと、2つに分かれるわけです。引橋付近の国道134号線は、東京湾と相模湾をわける分水界になっているのですね。

小網代と流域の話に戻りましょう。流域が丸ごと残された自然とは、いったいどんなものなのか。みなさんにここで雨粒になってもらって、バーチャル体験してもらいましょう。

雨粒であるみなさんは、まず、マテバシイが生い茂る小網代源流部に降り注ぎます。急斜面を流れ落ちていき、地元の人が浦の川と呼ぶ、小さな川の源流部に流れ込みます。

川の水となったみなさんは、くねくねと谷を下っていきます。サワガニが流れの中に潜んでいます。清流が好きなカワトンボがふわふわと羽ばたきます。左右の斜面にはコナラが生い茂り、川沿いにはアスカイノデという巨大なシダが並んでいます。ジュラシック・パークのような古代の眺めです。

　川沿いの土地が次第に開けてくると、まっすぐ伸びた湿地性のハンノキが林立しています。川はその間を縫うように進み、いくつかの小さな流れと合流し、蛇行しながら平地を広げていきます。巨大なジャヤナギがのたうち、アシやガマが目立ち始めます。初夏の夕暮れなら、ゲンジボタルやヘイケボタルが数百匹も飛び交《か》う湿地帯です。

　川は大きく左に流路を変えると、北から流入する大きな支流と一緒になり、3haもの広大な湿原をつくりあげます。流れのほとりにはジャヤナギの林があって、金緑色の目玉のサラサヤンマが縄張りをつくって、同じところを行ったり来たりしています。アシとオギとガマが風に揺れています。

　潮の香りが風にのってくるのがわかると、もう海が目の前です。流域中の栄養たっぷりの土砂が河口部に運び込まれ、河口には広々とした泥干潟があります。

　さまざまなカニが干潟の上でダンスをしたり、餌《えさ》をとったりしています。水色の顔をして、数千匹の小さなチゴガニのオスがいっせいにハサミを上げ下げします。メスを呼び寄せるダンスです。

　キアシシギがチゴガニを狙って降り立ちました。その上をカワセミが、鋭い声をあげ青い矢のように飛んでいきます。頭上には、何羽ものトビに混じって、真っ白な羽が目立つ海に棲《す》むワシの仲間、ミサゴが旋回しています。

干潟の正面、左右の大きな岬にはさまれた向こうに小網代の港が見えます。さらに港の先はリゾートマンションとヨットハーバー。その外はもう相模湾です。夏にはチョウチョウウオやハタタテダイなど熱帯の魚が岸壁に繁茂する八方サンゴの間をひらひらと舞う、亜熱帯に近い海ですね（口絵❶〜❻参照）。

雨粒となったみなさんには、最源流の自然から海沿いの自然まで1時間ほどで流れ落ちる雨粒の体験を、ドローンで追跡するような気分で俊足の紙上追体験をしていただきました。

しかし、わずか1.2キロの川が刻んだこの小網代の流域の自然のドラマを、大きな河川流域で味わおうとしたら、移動だけで数日間を要するでしょう。しかも途中に道路があったり民家があったり工場があったりしますから、当然のごとく自然は寸断します。小網代で体験できるように、最源流の自然から河口の自然までを、繋《つな》ぎ目なし＝ノーカットで、しかも「徒歩」で味わえる場所は、関東地方全域で、ここ小網代をおいては他にないのです。

干潟もすごい

河口から海に広がる3haほどの干潟とその向こうの港、さらに相模湾に抜けるリアスの小網代湾の海の自然も、ほかでは味わえない魅力にみちています。

小網代の自然を語る上で忘れてはならないのは、干潟です。干潟とは、河口部に川が運んだ土や泥が堆積した平らな土地のこと。満潮時には海の中に隠れ、干潮時には姿を現して、泥の土地が現れる。これが干潟です。干潟は、全国の大小さまざまな川の河口部にありましたが、まっさきに開発されて姿を消したケースが多いのです。

干潟は、カニやエビなど甲殻類や、アサリやハマグリなど軟体類、さらにはハゼを中心にさまざまな魚が暮らす、川と海と陸とをつなぐ貴重な自然がある環境です。干潟がなくなったことで、その地域から姿を消した生きものはたくさんあります。

小網代の干潟は、約3ha。東京湾の三番瀬《さんばんぜ》の1800ha、あるいは富津干潟の170haと比べるとほんとうに小さな干潟ですが、暮らしている生きものの種類の多さ、いわゆる生物多様性の豊富さを面積あたりで比べると、おそらく日本でもダントツに豊かな干潟なのです。

小網代の干潟では、全国の干潟で絶滅の危機にある「絶滅危惧種」、相模湾や東京湾の他の

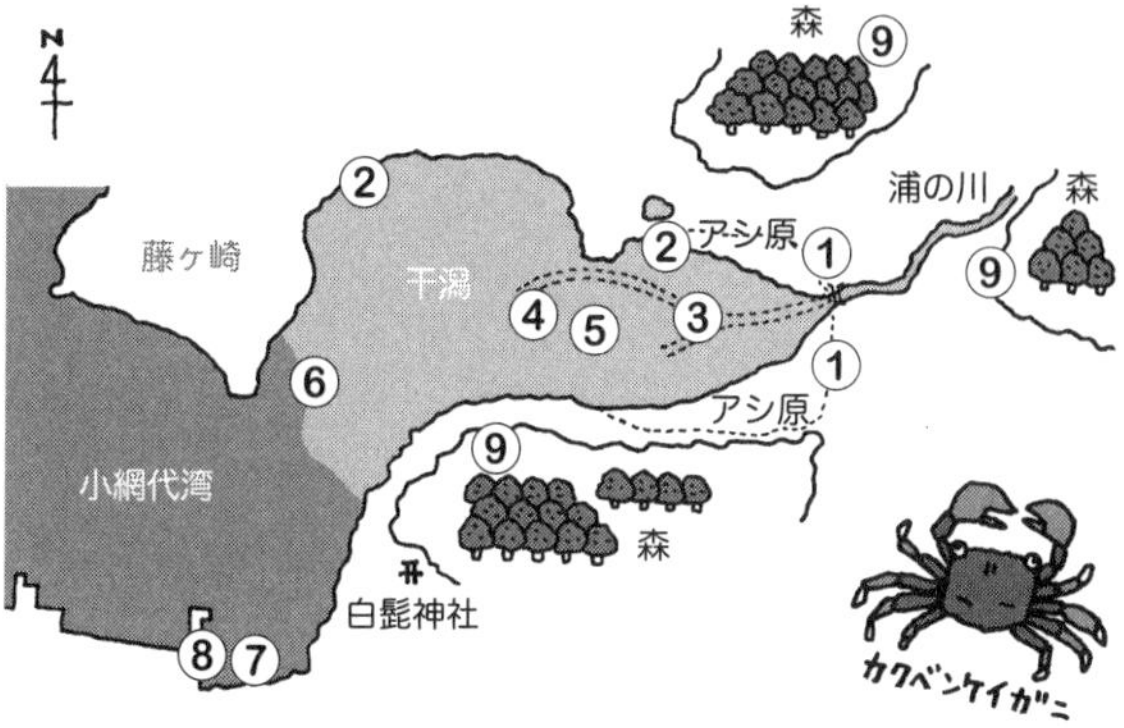

1 **海岸沿いのアシ原**
アシハラガニ、ハマガニ、クロベンケイガニ

2 **石垣・土手**
カクベンケイガニ

3 **河口の澪筋**
ケフサイソガニ

4 **干潟**
チゴガニ、コメツキガニ

5 **干潟・澪筋**
マメコブシガニ、ヤマトオサガニ、オサガニ

6 **干潟・沖**
タイワンガザミ、ジャノメガザミ

7 **岩礁部**
ヒライソガニ、イソガニ、ヒヅメガニ

8 **桟橋の壁面**
イシガニ

9 **森**
アカテガニ

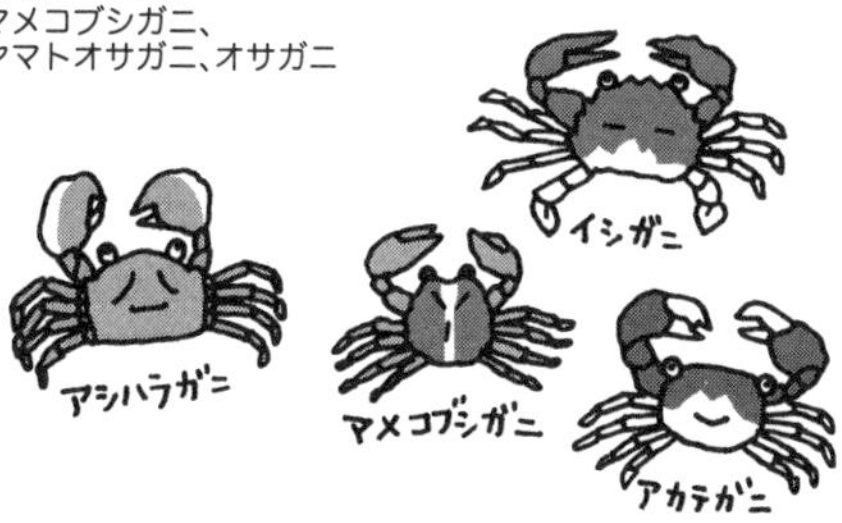

小網代の谷と干潟と海には現在60種以上のカニが暮らしています。

干潟ではすでに絶滅したと思われている生物が、今も無事に暮らしています。これまでの調査で確認できた「絶滅危惧種」は、すでに150種近くに上っているのです。小網代の小さな干潟には、巨大な東京湾全体の干潟に匹敵するほどの、生きものが上手に棲み分けて生きています。

それというのも、この干潟を形作る川の流域、つまり小網代の森の自然がまるごと残されているため、人間由来の汚染の影響をほとんど受けないばかりでなく、流域から多様な栄養物質が流入しているからなのです。

森、干潟、直下の海を含め、小網代全体では、これまで調査しただけで2000種類以上の生きものが発見されています。丁寧に自然調査をすればおそらく3000種を超える生きものが発見できると思われます。

なかでもカニの仲間は、川の最源流から干潟そして港湾部にまで生息範囲を広げる、小網代の自然を代表する生きもの群です。小網代ではこれまでに60種類以上のカニが記録されています。70 haの森と3 haの干潟、コンパクトですが、川の最上流から海にいたるまでの自然がまるごと保全されているがゆえに、多様な環境が残され、さまざまな種類のカニが棲み分けられているのです。

森と海の象徴・アカテガニ

そんなカニたちの中で、小網代の自然を代表する生きものとして全国的に有名になったのがアカテガニです。

甲幅3センチほど。立派な赤いハサミを持つこのカニは、ペットショップで見たことがある人もいるでしょう。ふだんは陸地に住んでいます。小網代では最上流部から河口地域まで全エリアに生息します。港の住宅の脇や石垣にも暮らしています。墓地の脇に穴を掘って棲んでいる個体もいます。「昔から、風呂場に入ってきたりするよ」と地元のおばあちゃんが話してくれます。本来は珍しい生きものではありません。日本全国の、暖流に洗われる海辺の近く、川の近くではわりとどこでも見られたカニなのです。

ところが、日本列島で高度経済成長が本格化した前の東京オリンピックのあった1960年代以降、アカテガニは全国で急激に数を減らしていると思われます。

理由は、アカテガニのユニークな暮らし方、子孫の残し方にありました。アカテガニはふだん陸に棲んでいます。ちょっとした湿り気と、脱皮する際に体を浸せる程度の水たまりがあれば、生きていけます。食事も動物質でも植物質でもなんでもこいの雑食ですから、たいがいのものは餌になります。

そんなアカテガニですが、お産のときだけは海に入ります。6月末から9月終わりまで。夏の新月と満月の夕刻、メスのアカテガニは海岸に降りてきて、お腹に抱えた卵を海中でぶるぶる震わせ、卵から飛び出た子どもを海に放ちます。アカテガニの子ども=幼生、ゾエアは1か月かけて海で育ち、その後、カニとエビを足して2で割ったようなメガロパと呼ばれる幼生に変態して岸近くに戻ってきて、その後、カニに変態して、陸に上がり、徐々に陸の生活に慣れていきます。そしてある程度大きくなり、乾燥にも耐えられるようになると、水辺から離れて、森の中や草むらへと住処《すみか》を広げていきます（口絵⓮〜⓰参照）。

アカテガニは、繁殖するために必ず陸から海へと移動しなければなりません。そして幼い子ガニは海から陸へと移動しなければなりません。このライフサイクルが、海岸地域で大開発の進んだ1960年代以降、多くの地域でアカテガニが減少する直接の原因となりました。

この時期、日本中の海辺は開発され、海岸沿いには舗装道路が走り、川の河口部は氾濫を防ぐために護岸工事が行われ、さらに多くの工場が建設されることで、アカテガニは海と山とを行ったり来たりできなくなり、繁殖できなくなってしまったのです。その結果、かつては普通種だったアカテガニは、どんどん数を減らしていきました。

小網代の干潟にて養老孟司さん（右）と。

たとえば、おなじ神奈川県の鎌倉市にも、昔はたくさんのアカテガニが海辺の近くで見られたそうです。

鎌倉に子どもの頃から住んでいる解剖学者の養老孟司《ようろうたけし》さんは、小網代の森を訪れたとき「アカテガニがいっぱいいる。なつかしいなあ。鎌倉にも僕が子どもの頃はたくさんいたんだよ。海岸に道路が通って、海と山が分断されたら姿をほとんど見かけなくなってしまった」と話されていました。

なぜ、小網代にはアカテガニがたくさん暮らしているのか、これでおわかりですね。流域が、森、干潟、そして海まで、まるごと自然の状態で保全されているからです。小網代の森のいたるところに暮らしているアカテガニは、夏のお産の時期に、道路を歩いて自動車に轢《ひ》かれる心配もなく、汚れた川で弱ってしまう心配もなく、安心して海辺に降りてきて、海でお産ができます。小網代の海域は、海も清浄なので、幼生のゾエアもすくすく育ち、小網代の森に戻ってくることができるというわけです。

アカテガニは、「森から干潟そして海まで、流域がまるごと自然のまま」という小網代の森のユニークさを象徴しています。アカテガニがにぎやかに暮らすことのできる小網代は、森も、干潟も、海も、みごとに自然の守られている世界です。つまり、アカテガニがにぎやかに暮らす小網代は、森の生きものたちも、干潟の生きものたちも、海の生きものたちもまたにぎやかに暮らすことのできる自然であるということなんですね。アカテガニのにぎわいを総合的にまもろうとすれば、同時に、森、湿原、水系、干潟、海の多様な生物たちがまもられてしまう。小網代のアカテガニは、小網代の生態系ににぎわうすべての生きものたちをかばう、雨傘のような、位置にあるということなのです（そういう位置にある種のことを、保全生態学では、umbrella species: 雨傘種と、よんでいます）。

小網代の歴史

さて、そんな小網代の森＝流域は、もともとどんなところだったのでしょうか？　そもそも、なぜここがまるごと自然のまま残っていたんでしょう。そしてそこは、これからいったいどうなってゆくのでしょう。小網代の流域の過去、そして未来の歴史を、数十年、千年の単位で概観してみましょう。

１９９０年代末まで、小網代の谷に自然が残っていたのは、ある意味でいくつかの偶然が重なった幸運のたまものでした。

もともとこの地は１９６０年代まで、斜面の林は薪炭林《しんたんりん》として使われ、川沿いの湿地は田んぼとして利用されていたと思われます。地元の農家や漁師の人たちが、自分たちの燃料をとり、自分たちが食べるお米をつくる「裏の田んぼ、裏の林」だったのです。石油や電気が普及する１９６０年代以前の日本では、このように地元の人たちが利用する林や田んぼというのは、全国いたるところにありました。小網代はそんな「人がずっと利用する林と田んぼ」だったのです。小網代の流域は、「住む場所」ではなく「木＝燃料を育てる場所」「お米＝日々のご飯を育てる場所」として利用され続けたようです。

では、いつから小網代は、人々に利用されてきたのでしょうか。たぶん、数千年前、縄文時代からだろうと思われます。

小網代の干潟や川沿いで私たちは、これまで何度も縄文土器のかけらを拾っています。小網代の森の手前、三崎口駅の近くには縄文遺跡も残されています。おそらくは、2万年近く前の最大の氷期がすぎ、日本列島に温暖化気候が広がるとともに、東北の日本海側から脊梁《せきりょう》山脈《さんみゃく》を抜け、いまの八王子あたりから多摩三浦丘陵を南下してきた縄文時代の人々が、三浦半島の先端までたどり着き、この小網代の入江で暮らし始めた瞬間があったのかもしれません。

以後最も暖かかったのは6500年前。当時、海面は数メートルも高く、いま小網代の干潟となっている場所は、数メートルの深さの岩礁地帯、下流の大湿原となっているあたりが海岸線で、縄文の人々はそのあたりであふれんばかりに生息する貝やカニや魚をとって暮らし、クリの木なども育ててその実を貯蔵していたことでしょう。

その後、時代が千年単位で現代に近づくと、今度は太平洋をわたって弥生人たちが船で三浦半島にやってきたのではないでしょうか。その頃は、地球の気温も下がり、海岸線はいまと同じあたりまで後退します。おそらくいまから2000年ほども前に小網代に暮らし始めた人たちが、小網代の谷の真ん中を「田んぼ」にしようと土木作業を始めたのではないかと、思うのです。

実は三浦半島には、田んぼがとても少ないのです。

理由は、山が海まで迫って川の長さが短いため、どこの川も深い谷を刻み、蛇行して広い湿原を作ることなく、一気に海まで下ってしまう地形のためです。田んぼは、世界中どこでも、流れの下手の氾濫原と呼ばれる上流から土砂がたまった平地にできます。三浦半島にはそんな土地がとても少ないのですね。代わりに三浦半島のてっぺんは天然の台地になっており、冬でも暖かく日差しが多いため、野菜や果物作りが盛んです。三浦の農産物、といえば、三浦大根や三浦キャベツ、みかんやスイカやイチゴを思い浮かべる人が多いと思いますが、それは三浦半島の地形が野菜や果物向きで、お米向きではないからです。

おそらく小網代も、もし人が手を入れなければ、川が谷を削ってどんどん深くなり、広々とした湿原はなく、鬱蒼《うっそう》とした木々が覆う暗いV字谷となって川が一気に海に流れ込む、三浦半島の他の川沿いと同じような景観になっていたはずです。

ところが、小網代では、この地に住み始めた古代の農民たちが、どこかの時点で「田んぼをつくってお米を栽培しよう」と決断したはず。川の流れを堰《せ》き止め、土砂をため、田をつくり、笹を刈り、周囲の木々を切って谷を明るくし、小網代の谷を稲作の地に変えていきました。小網代の谷は、平坦な谷底にたっぷり土砂がたまった棚田の世界に変身したのです。

小網代の周辺の三浦半島域では、例外的に北に位置する初声《はっせ》地域、東京湾側では平作《ひらさく》川の流域などに広大な水田地帯が広がっていました。そんな水田の生産力を基盤として、三浦の武士団が成長し、鎌倉の頼朝《よりとも》を支えて鎌倉時代の歴史を開いたことは、あらためて紹介する必要もなさそうですね。

以来、小網代の谷の周りに住む人たちは、絶えることなく、田んぼの管理をし、斜面の林を管理し、自分たちの食料と自分たちの燃料を作り続けました。小網代の谷は、何百年もかけて土砂が堆積し、平らな田んぼが中流域から河口部にいたるまで延々と続く、「明るい林と田んぼのある谷」となったのです。

そんな時代が終焉《しゅうえん》をむかえたのが、高度成長のはじまる、1960年代なのです。まずこの頃から、急速に電気やガスが普及するようになりました。それまでは、ちょっと田舎に行くと、お風呂を薪で焚《た》いたりご飯を炭で炊いたりと、燃料を木材に頼る家は珍しくなかったのですが、電気とガスの普及により、薪や炭は用済みになりました。

米をわざわざ自作する必要もなくなっていきました。実はお米は統制商品で、戦後しばらくするまで勝手に売買できず、流通量も政府がコントロールしていました。江戸時代まで武家の資産はお米の石高で計られており、日本ではお米がご飯としてだけでなくお金の意味も持ち合わせていた、その名残りがあったのです。

それが1960年代にお米の統制経済が崩れ、お米を自由に買うことができるようになりました。田んぼをつくって稲を育て、お米を収穫するのはものすごく手間暇がかかります。お米が自由に売り買いできるようになると、わざわざ自分たち用に作る必要はなくなります。

かくして、燃料用として利用されてきた小網代の谷の林も、数百年にわたって管理されてきた小網代の田んぼも、地元の人からは用済みとなってしまったのです。

そうすると、普通はそこにできるのは住宅や商業施設です。実際、小網代の周辺の同じような緑地は1960年代から80年代にかけて、次々と宅地開発されていきました。小網代の土地そのものは、数百軒の土地所有者がいて、また誰が開発しても構わない市街化地域でした。ですから、林と田んぼが用済みとなったら、木々を伐採し、田んぼを埋めて、住宅街になりそうなものです。けれども、周辺の緑地と異なり、小網代の谷だけは、林と田んぼの利用がなくなったまま、そのままのかたちで1980年代まで20年にわたり、放置されたのでした。なぜでしょう?

背景にあったのは、2波にわたるリゾートブームだったのだろうと思われます。

1度目のリゾートブームはまさに、小網代の森の利用が途絶えようとした1960年代に起きました。当時日本は高度成長真っ只中《ただなか》。新幹線が開通し、高速道路も建設ラッシュ。庶民は身近なレジャーを求め、お金持ちは別荘やヨットを購入するようになりました。都心からほど近い三浦半島は風光明媚《ふうこうめいび》で冬も暖かく、近郊リゾート地としてはうってつけの場所でした。現在も、三浦半島から湘南にかけて、たくさんのヨットハーバーがあり、リゾートマンションや別荘が点在しています。その大規模開発が、まさにこの時代に始まったのです。小網代を含む三浦半島は、リアス式海岸が続き、深くえぐれた静かな湾がいくつもあります。ヨットを係留するのにうってつけの天然の良港ばかりなのです。かくして、60年代から70年代にかけて逗子《ずし》マリーナ、葉山マリーナ、油壺《あぶらつぼ》マリーナと、三浦半島には次々とヨットハーバーができました。小網代も例外ではありません。1967年には、小網代のヨットハーバーが完成し、大型リゾートマンションが1970年に完成しました。

薪炭林と田んぼの谷だった小網代の森は、ヨットハーバーとリゾートマンションがある小網代湾の奥にあります。しかし、その森まで、リゾート開発の流れが及ぶのには、もう一息、時代の経過が必要でした。1960年代、農作業や山の仕事は終わってゆくのですが、これにつづいて地域一帯の都市計画がまとまり、リゾート開発を大々的にやろうという動きが小網代の大地主さんと地元の開発主体である京浜急行の間で進むのは、1980年代のことだったのです。かくして小網代の薪炭林と田んぼは、20年間、農作業もなく、開発もなく、自然のままに放置されることになったのでした。

その結果、マツやクリやコナラやマテバシイが散在する薪炭林は次第に深い森へと変化し、打ち捨てられた水田は、アシやガマやオギが生える湿原へと化しました。私たちが小網代の森と遭遇したのは、まさに小網代での雑木林管理や農作業がなくなって、ちょうど20年くらいたった1980年代前半のことでした。

1980年代半ばの小網代は、かつての薪炭林はさまざまな下草が生え、ランの仲間が咲く明るい林となっていました。かつての田んぼは、アシやガマに覆われ、足を踏み入れると膝まではまってしまうような泥深い湿原となっていました。無数のアカテガニがあたりを徘《はい》徊《かい》し、さまざまなトンボが飛び交い、谷をハヤブサが飛び、森の奥からはフクロウの声が聞こえ、タヌキとウサギが顔を出し、夜にはホタルが乱舞する。都心近くとは思えない、実に豊穣《ほうじょう》な自然が息づく場所となっていたのです。

ここまでお読みになればおわかりの通り、小網代の森が現在のかたちで残された裏には、人間の歴史的な営みが重層的に関わってきたのです。大きなポイントは以下の2点です。

第1に、小網代のいまの自然のかたちは、原始・天然の状態ではなく、人間の千年、数百年の手入れがあってのものです。薪炭林を整備し、谷を田んぼに作り変える暮らしの営みが、常緑樹林の暗黒の支配する小網代V字谷を、みずみずしい平地がいっぱいある明るい谷に変えたこと。その薪炭林と田んぼの構造が、そのまま自然の林と湿原に変化したのが、いまの小網代の自然なのです。小網代の森に多種多様な植物が生え、その植物に頼る生きものがたくさん住まい、広く豊かな湿原がある、という自然の特徴は、千年、数百年にわたる人間の手入れがお膳立てしたものだったのです。

第2は、高度成長期以降、三浦半島の他の緑が次々と宅地開発される中、小網代の森だけが開発を逃れられたのは、他ならぬ「巨大リゾート開発計画」の対象地となったからだったということです。もしこのタイミングで巨大開発の対象地となっていなければ、小網代は小規模地主さんが個々に宅地開発を始め、1980年代に私たちが「再発見」したその時まで、小網代流域がまるごと自然で残されるといった状況はあり得なかったでしょう。その意味で、小網代の自然をまるごと残した最大の功労者は、なんの誇張もなしに、実は「巨大リゾート開発計画」だったのです。

以上二つを念頭に置きながらこれからのテキストを読んでいただければと思います。

小網代の森は1985年、いよいよゴルフ場開発を中心提案とする、広大な総合開発計画の場所としてデビューすることになります。その開発に、どんなビジョンで、どんな代案を提示し、ゴルフ場の予定地となった小網代の森を、どのようにしてまるごと自然のままの保全地域にすることができたのか。

以下、本文では、小網代保全の全容につきそってきた、NPO小網代野外活動調整会議代表理事の岸由二が、その歴史の節目を追い、おりおりのドラマを紹介しながら、解説してゆきます。30年かけて守られた小網代の、未来のイメージも、きっと皆さんに伝わってゆくと思います。

柳瀬博一

第1章　奇跡の流域「小網代」を発見！　1983〜87

三浦半島先端の小網代を初訪問

小網代《こあじろ》の谷の素晴らしい緑に注目し、開発への代案提示という方法で保全活動を呼びかけたのは、「ポラーノ村を考える会」（1983〜94　以下ポラーノ村）という名の不思議な市民団体でした。ポラーノ村とは何か、そこから話を始めましょう。

1980年代初頭。私は、慶應義塾《けいおうぎじゅく》大学の一般教養課程のある日吉キャンパスで生物学の教員をしていました。その同じキャンパスの同じ自然科学のビルの階違いの同僚に、物理学を担当する藤田《ふじた》祐幸《ゆうこう》さんがいました。

『銀河鉄道の夜』『注文の多い料理店』など数多くの名作を生んだ作家であり詩人である宮《みや》沢賢治《ざわけんじ》のことは、読者のみなさんもご存じでしょう。藤田さんは、人と自然の共生に深い関心をよせた宮沢賢治の大ファン。「ポラーノ村を考える会」は、その藤田さんが、理想の共同体をテーマにして賢治が書き残した童話の一つ、『ポラーノの広場』にちなんで命名した、環境問題を考える市民団体でした。

その藤田代表から、「転居した三浦市に、源流から海にいたる緑濃い森がある。全面開発の心配があるので保全に協力してほしい」と要請されたのは、1983年の夏のことだったと思います。

私は生態学が専門で、1970年代に幾つかの自然保護運動に参加していたことが知れわたっていたので、岸なら自然保護のやり方を知っているだろうと藤田さんは思いついたのかもしれません。

けれども、当時の私は人生をかけて専念した自然保護運動に絶望して活動の現場を退き、しばし学術研究だけに没頭していたころでした。自然保護運動を始めると、反対活動ばかりが得意な政治団体が介入してきて、当初の自然保護の目的はどこかにいってしまい、反対のための反対、はては選挙目当ての政治運動に変わり果ててしまう現実に、私はとことん疲れ果て、一休みもかねて、遺伝学を基礎にした新しい進化生態学の研究に没頭していたのです。

さまざまな偶然があり、日本の生態学者のなかでは、たぶんその分野に特別早く深く関心をもっていた私は、ハゼ類の進化生態学のフィールドワークと、数理的な進化生態学のモデル研究に打ち込む日々だったのでした。

のちに、20世紀後半の自然科学の大ベストセラーとなる、リチャード・ドーキンスの『利己的な遺伝子』や、人間も生きものの一種なのだからその思考や行動も遺伝的な要素がある、と断じてアメリカでも賛否両論を起こした「社会生物学」の提唱者であるエドワード・O・ウィルソンのピュリッツァー賞受賞作『人間の本性について』などを翻訳したのもその頃です。

そんなわけで、せっかくの藤田さんのお声掛けへの私の反応は、たぶんかなり鈍いものだったろうと、思うのです。

それでも熱心にさそってくれる藤田さんとポラーノ村の仲間たちに連れられて、私が初めて小網代の谷をたずねたのは1984年11月18日。その日の感動は、生涯、忘れることがないと思います。

京浜急行三崎口駅から徒歩20分。うす曇りの晩秋の本当に肌寒い三浦。国道134号線沿いを進んでみえてきた尾根の緑が小網代でした。その三浦の台地の端から、谷を見下ろせる地点に立つなり、わたしは啓示に打たれたような、激しい感動に襲われました。

眼下に、とんでもない自然が広がっていました。左右を大きな尾根に包まれたまるごと緑の流域。手前は常緑樹の濃い緑が生い茂り、幾重にも重なった尾根はコナラなどの落葉樹が覆い、紅葉したヤマハゼの鮮やかな赤がアクセントとなっていました。谷のはるか下手にはリアスの湾がのび、その中ほどにリゾートマンションが頭を覗かせ、左の岬の尖端の白い建屋は油壺《あぶらつぼ》マリンパーク、その先に相模湾《さがみわん》が広がり、遠く伊豆半島が見渡せる。「わたしが本当の仕事を再開すべき、奇跡の〈流域〉が、ここにある」。そう直感するほかない瞬間だったのです。

浦の川の流れに沿って下る谷は、農作業をしなくなって、おそらく20年前後は経ったはず。ゴルフボールが散乱し荒れ果てたススキ原、谷の斜面を覆い尽くす深いシダの群落、廃田のあとにようやく伸びはじめた細いハンノキの散在する谷底をぬけると、ガマ、アシのズブズブの湿原がえんえんと広がっていました。

藪《やぶ》漕ぎをして河口まで、小一時間もかかったでしょうか。河口の石橋からみわたす干潟は、左右の岬の裾《すそ》がみごとな塩水湿地にふちどられ、海辺の生態学も専門にしていた私には、まるで理想的なテキストの写真のような光景だったのです。

この日、私は小網代で、源流の森から干潟、そして海まで自然状態にある、奇跡の流域生態系に出会ったのでした。

「どうだい、岸くん、すごいだろう、この森は」。藤田さんが立派なあごひげをさすりながら満足そうに語りかけたかどうか、記憶にはありません。でも、私が一瞬にして小網代の自然の虜になってしまったことは、ポラーノ村のみんなにすぐに分かったと思います。小網代の自然との30年以上にわたる付き合いが、このとき始まったのです。

そこは奇跡の谷だった

眼前の谷を「奇跡の流域生態系」と瞬時に理解できたのには、訳があります。流域（英語では watershed drainage area 集水域と全く同じ意味です）と呼ばれる生態系について、すでに私には10年を超す思索と思い入れがあったからでした。少し難しいかもしれませんが、小さな寄り道にお付き合いください。

私が大学と大学院で専攻していた生態学は、生物の生存・繁殖と環境の関係を扱うダーウィン以来の生物の科学ですが、同時に〈生態系〉という空間的なまとまりで地域の自然を扱う地域の科学でもあります。

１９４７年に東京の目黒川のほとりで生まれ、１９５０年代から60年代にかけて横浜の都市河川の鶴見川の河口の町で育った私は、川や海辺で生きものたちと遊びながら育ちました。１９６６年に入学した横浜市立大学でもごく当たり前のように生物学を専攻し、子どものころから大好きだった川や海辺に暮らす水生生物たちの生態研究を続けていました。しかし、私が大学で研究を始めた1960年代終わりから70年代にかけては、能天気に生きものの生態を研究するだけでは済まされない時代でもありました。日本は未曾有《みぞう》の高度成長期を迎えて、都市周辺の丘陵は大規模団地に変貌し、埋め立ての進む臨海地には大小さまざまな工場ができました。その陰でかつてカブトムシやクワガタムシをとった雑木林は造成され消えてゆきました。丘陵の保水力を喪失した下流の都市では、激しい洪水が頻発しました。工場排水や生活雑排水は浄化されずに川や海へと垂れ流され、工場の煙突からは有害物質を含んだ煙が毎日もくもくと撒き散らされました。

街で育った私は、生物の研究だけでなく、破壊されてゆく丘陵の自然、川で海とつながる都市の安全、自然を、どのようにしたら守ってゆけるか、生態学の問題として、都市計画の問題として、日々、考えざるを得ませんでした。

そんな自問自答の中で、すでに「これだ」という直感で重視していたのが、実は、〈集水域〉、あるいは〈流域〉と呼ばれる生態系だったのです。

流域を簡単に理解するには、「雨の水が水系にあつまる大地の広がり＝流域」と定義しておくのが便利です。そう理解すれば、海辺の自然も、町も、森も、大地の水の循環を軸として、どこでも同様の方式で総合的に整理・分析し、対応してゆけるはずと、私は考えていました。横浜の大規模干潟の保全運動に没頭していた1970年代前半、翻訳の仕事で接する機会のあったアメリカ・ニューハンプシャー州ホワイトマウンテンにおける小規模流域の比較研究事例を通して、私はまことに頭でっかちな流域主義者になっていたのでした（流域思考については192ページ参照）。

とはいえ理屈での理解と、実践における応用は、月とスッポンの違いでした。現実の海辺や町の保全活動に、そんな抽象的な私の流域主義の屁理屈は、もちろんなんの役にも立たないまま1976年には環境保全の実践活動自体から身を引くこととなり、それから小網代訪問までの8年間、流域主義の活動の本当のチャンス到来を期しつつ、進化生態学の数理モデルの作成や、魚類やカニ類の研究に没頭する日々だったのです。

そのチャンスが、いま、突如として眼前に開かれた。ここに自分の流域理解の自己研鑽《けんさん》のすべてをかけて付き合うべき谷がある。そう感じたので、この出会いは私にとって、奇跡の瞬間だったのでした。

もちろん小網代の谷は、わたしにとって奇跡の出会いであったというだけで〈奇跡〉なのではありません。簡単な生態学的な確認の後、客観的に見ても小網代は「奇跡の谷」というほかない、本当に類《たぐい》まれな生態系であることが、明らかになったのでした。

何より驚くべきことは、源流の小さな谷（谷戸、沢などと呼びます。これも小さな流域です）群から河口まで、小網代は面積70haの流域まるごとが、緑に覆われ、大きな人工的な利用がないということでした。後の詳しい空中写真による確認で確定されたことではありますが、この規模で、源流から河口まで自然状態の流域は、たぶん首都圏でここ1か所だけと、訪問の瞬間に確信できてしまう状態だったのです。

さらに驚くべきは、河口から相模湾にむかって広がる延長1500mを超す小網代湾の湾奥部に、南北の岬につつまれた3ha規模の干潟が形成されており、それがまた、見事な澪筋《みおすじ》のパターンと、左右の岬の裾に延びる大規模な塩水湿地を配する、ほぼ自然のままの、奇跡のような干潟生態系でした。

その2つの奇跡の生態系が、自然のままに連接して、水質も良好な小網代湾につながるのですから、森（=小網代の流域）、干潟、海が自然状態でつながる小網代の谷は、その全体が、なんの誇張もなしに、首都圏の奇跡の流域生態系（拡大流域生態系）というほかない谷と、判明してしまったのです。

保全戦略は〈流域1番〉でいく

流域まるごと自然のまま残され、その先に干潟が広がる小網代の谷は、〈奇跡の谷〉。そう判明してしまえば、もはや研究室の理屈の世界で休息しているわけにはゆかなくなりました。はたして保全の可能性があるものなのか、関連の都市計画の全体も理解できていない段階では、確信があったわけではまったくありませんでしたが、この美しい海辺の流域が開発によって消えてゆくものなら、最後まで付き添うことにしようと思いました。その過程で小網代の自然の調査報告を進め、流域思考を使って都市計画と整合する保全ビジョンを示せれば、そしてもちろん奇跡の幸運にめぐまれれば、小網代の流域生態系まるごとの保全を、今あきらめなくてもいいかもしれない……。

私はそう思い、おりおりに小網代の探検調査をすすめ、出版を予定して日記をつけ、猛烈な勢いで、都市計画の勉強を始めました。

大学研究室での、約8年ほどにわたるのどかな研究ざんまいの日々は、こうしてあっけなく終わり、私はポラーノ村を支援するナチュラリスト有志の代表として、小網代保全の歴史に、合流したのでした。

あけて1985年からの小網代通いは、おりおりの有志とともに進める奇跡の谷の探検となりました。ちなみに、私のゼミのような小さな授業に参加していた当時慶應義塾大学経済学部2年生の柳瀬博一さんは、その当初からの、最も若い有志の一人。いまはNPO小網代野外活動調整会議の副代表の一人、そしてこの本の共著者でもあります。

保全のためのアピールや開発計画への代案を準備するにあたり、生態学者としての私の最初の決断は、生態系重視でスタートするか、希少生物重視でゆくか、という難題でした。

当時すでに日本の都市の各所で展開されていた開発反対型の保全運動の多くは、希少な生物、たとえばホタルや、トンボや、チョウの種類を調べ上げ、これだけ多種類の希少生物がいるのだから、保全しようと呼びかけるのが普通だったと思います。従来から、それではだめ、生態系重視でゆかないと、都市の計画としっかりやり取りをする自然保護の未来は開かれないと確信していた私は、希少種の調査に重点をおく仲間たちと連携はしつつ、生態系重視で問題を整理し、開発への代案、保全のビジョンをまとめることに注力してゆくことにしました。

本当に幸いなことに、藤田さんをはじめとするポラーノ村の村民仲間たちは私のこの判断を強く支持してくれることとなり、流域1番・希少種2番の、保全作戦を無事スタートすることができたのでした。小網代の自然は、流域がまるごと残されることが何よりも貴重と打ち出し、希少種がたくさんいますよ、という情報はその次に訴えるという順番にしよう、ということですね。

少し難しい整理をすると、この選択には、1985年当時、米国で注目を集めだしていた生物多様性というキーワードを活用する保全生物学の新しい論議に専門家として私の判断が絡んでいました。アメリカでの論議を克明にフォローしていた私は、その論議が、生物の種類、とりわけ希少種への過剰な注目を誘導し、生態系を枠組みとして本来すすめられるべき保全戦略からどんどん離れてゆくと見通していたのです。今そんな流れに乗ってしまえば、たぶん小網代の保全はどうにもならない。流域を枠組みとして、行政にも、企業にも、市民にもわかりやすい、生態系視野の整理にもとづく分析、評価、代案提示をするほか、都市近郊におけるまとまった自然保護の未来はないと考えました。

単純に言い切ってしまえば、「流域生態系の地形枠組みと水循環の基本を保持する形で生態系の枠組みが確保されていれば、種のレベルの生物多様性世界はその後の工夫で回復してゆくことができるはず」と判断したのでした。

この判断が、もっぱら希少種に強い関心のあるナチュラリストや分類の分野の専門家たちに評判の良いものでないことは最初からわかっていました。しかし、開発分野の専門家や、企業、行政、政治家などには、むしろわかりやすいアプローチになるはずとの確信がありました。それにくわえて、当時同時に国際的な流行を始めていた、生態系の空間的な相互関係をテーマとする景観生態学の専門家たちが日本にも登場すれば、きっと、支援があるだろうとも思ったのです。この判断は、数年後、あり得ない幸運によって検証されることにもなったのです。

かくして、保全戦略作成のための小網代通いが、いよいよ本格化してゆくことになりました。のちに私は「流域」という生態系を大地の基本の単位として自然も人の暮らしも一緒に計画し、調整していく「流域思考」という考えに行き着くのですが、小網代はその思考の実践的な訓練基地になっていったようにも思われます。

流域思考の生態系分析を軸として、まるごと〈生態系を保全〉していけるかもしれない。そんな希望をすてず、戦略をたて、雨の日も、風の日も、予定通りに小網代の流域を縦断する。まとまった記録の取れる時間があれば、小網代探検の記録は日記のような文章で蓄積し、小網代の自然の感動を広く知ってもらうための冊子にしてゆこう。

たとえ保全の見通しが立たなくなっても、終末期の医療のように通い付き添い、日記をつけ続けてゆく。谷をうめつくす自然のにぎわいに付き添う小網代行きは、開発の始まるその日まで続けようと、決めたのでした。難しいのは百も承知。でも小網代の生態系は、生物多様性のダイヤの原石なのだと、最後の最後までアピールするつもりでした。

開発は保全のチャンス

私たちの活動は、まず、保全を提案したい場所をふくむ周辺地域全体の、都市計画上の位置づけを、しっかり確認することから始めることになりました。

都市計画の法律が適用される地域のことを都市計画地域といいます。計画地域は、大きくわけると、住宅等の開発が可能な市街化区域と、さしあたりは市街化を抑制する市街化調整区域の2種類の地域に区分されます。三浦市では、1970年の段階で、すでに市域を都市計画地域に区分しており、私たちが保全の中心予定地と考えた小網代の谷とその周辺は、なんと市街化地域、住宅を建設することが可能な第一種住居専用地域に指定されていたのです。それを法律的な根拠として、森の開発が企画されていたのですね。

保全を希望する市民にとって、そんな市街化区域に大きな開発が計画されてしまうことを阻止するのは、一見、きわめて困難な状況であると考えられそうなのですが、実は私たちは、そのように単純には考えませんでした。当地がたとえ市街化調整区域であっても、まとまった保全を実行するには、特別の計画、特別の予算が必要です。逆に、市街化区域でも、大規模な開発が予定されているのなら、個々の小規模の地権者さんによる個別的な開発ではなく、全体の調整をとった開発、あるいはまとまった保全地域を含む大きな開発のビジョンに誘導できる可能性があるからです。

谷の中で、散発的な住宅開発が始まってしまえば、その段階で小網代の流域まるごとの保全は、不可能な状況になってしまいます。しかし、その場所を含む大きな開発の計画があれば、逆に、個別の開発を回避し、まとまった保全を実現してゆくことができる可能性が生まれるはずなのです。問題は、小網代の森を含む一帯でどのような開発が提案されるのか、全体ビジョンをどのように設定できるか、その一点にしぼられていると私は考えました。

ここで大きな力を発揮したのはポラーノ村代表の藤田さんでした。三浦市の市民として、三浦市の都市計画関連の委員会にも参加していた藤田さんから、おりおりに小網代地域を含む総合的な開発の検討情報が届いていたのです。その集大成となる計画案が、開発主体である京浜急行電鉄から発表されたのは、１９８５年のことでした。

三浦市の新たな都市基盤を整備するとの目標を掲げ、「三戸・小網代開発」と呼ばれたその計画は、私が想像していたより、はるかに大規模かつ複合的なものでした。

図1に、計画の概念図を示しましたので、ご覧ください。

計画は、小網代の森全域を含む周辺の緑、農地、約168haを予定地としていました。提案されている整備の内容は、ゴルフ場、農地の造成、住宅の建設、道路の整備、鉄道の延伸の、5項目だったので、当時は「5点セット」の開発ともいわれていました。関連して、予定地に隣接した干潟地域では、全面的な浚渫《しゅんせつ》によるレジャーボート基地が構想されているという話も、地元漁協から聞こえてきたものです。

計画の推進にあたって、京浜急行電鉄が必要経費を確保するためのエンジンとしたのはゴルフ場でした。

1985年は、石油ショックに由来する1970年代の不景気を乗り越えた日本経済が、再び猛烈な勢いで成長を加速し、バブル経済にのぼりつめる端緒ともなった年。「プラザ合意」でいわゆる円高ドル安が進み、日本の不動産の価格と株式市場とが高騰するようになったのです。さらに地方の経済を振興させる策として「リゾート法」がつくられたのもこの年です。日本国中でさまざまなリゾート開発計画が一気に進みました。そこで目玉

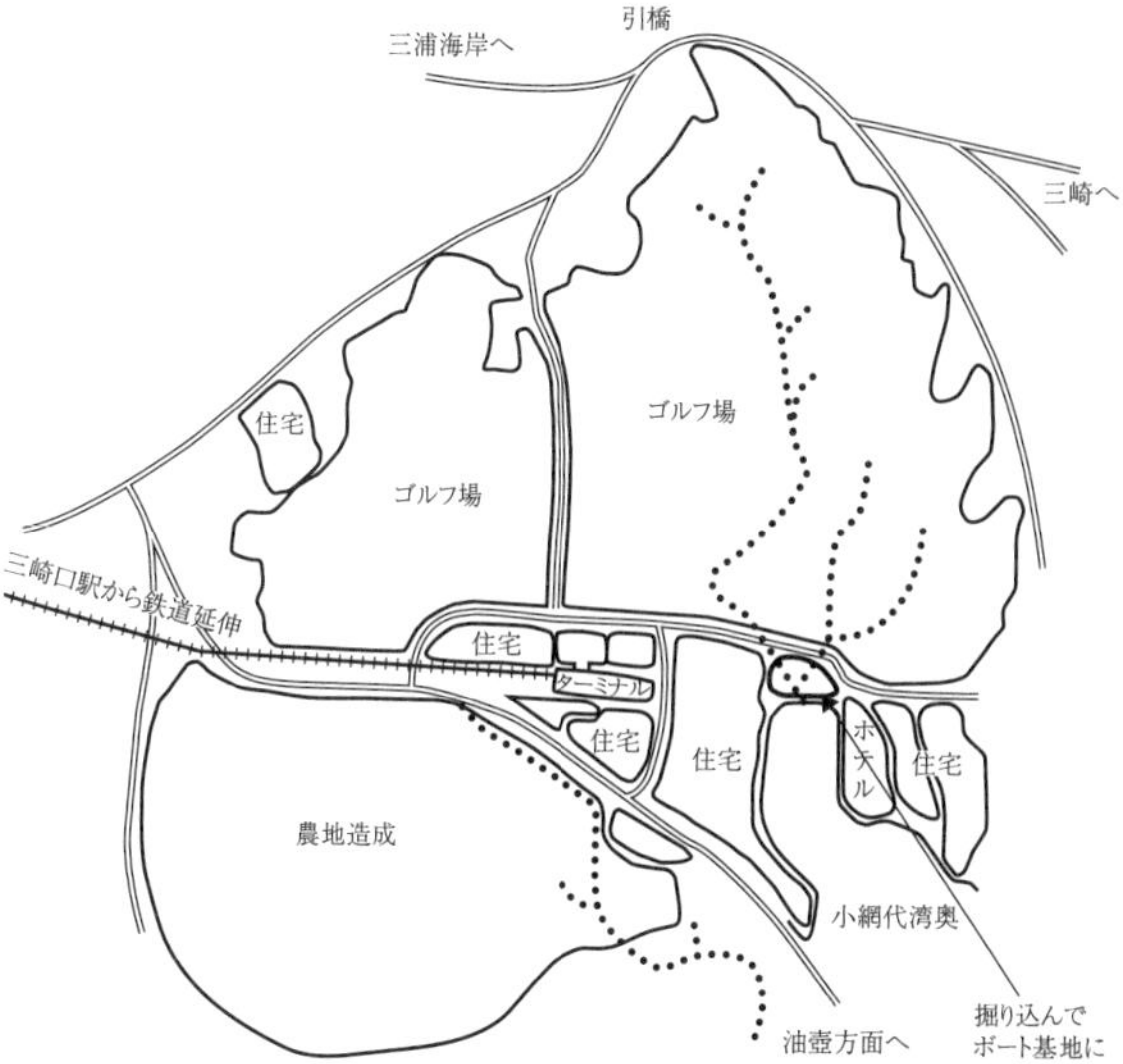

ゴルフ場	90.34 ha
住宅地（関連施設含む）	27.23 ha
鉄道	5.48 ha
（ターミナルビル・広場含む）	
道路	3.2 ha
農地造成	42 ha
合　計	168.25 ha

図 1　1985 年の三戸・小網代開発提案

となった施設のひとつが「ゴルフ場」だったのです。

三戸・小網代開発は、経済のその状況を読み、当時すでに一件数百万円の値段も普通だったはずのゴルフ会員権を、伝聞によれば一件6000万円まで高額化することが可能と試算し、その莫大な収入を中心的な力として地域の都市基盤、農業基盤を整備しようとするものでもあったのでした。品川駅から特別快速特急で1時間、三浦半島先端の小網代に超豪華ゴルフ場ができれば、会員権の値段はそのくらい高騰するだろうと多くの関係者が思ったのでしょう。

繰り返しになりますが、都市計画の論理や現実についてある程度の専門知識をもっていた私たちは、まとまった大開発計画は小網代保全にとって大きなチャンスと考えました。提案された内容をみると、道路・駅などの都市基盤や、鉄道の延伸、農業基盤の整備に関する提案は、都市基盤の整備が極度に遅れていた三浦市にとってそれとして合理的であり、細部はともかくとして反対する内容ではないと判断しました。

ただし、超高価なゴルフ会員権価格に依存する予算と、これを確保するためのゴルフ場・豪華リゾート開発については、経済の大きな減速（後のバブル崩壊）にともなう大誤算があり得ると考えました。誤算が現実となれば、造成途上の作業地が廃墟《はいきょ》のように取り残されて、開発主体の企業、関連の地権者、地元行政や商工組織にとってさえ甚大な損害となる可能性もあると考えたのです。

であれば、短期的な経済効果にあまりに大きく期待する冒険的な企画ではなく、最初から長期的な利益・地域貢献を重視し、予定地の自然を存分に活用したエコリゾート、自然と共存する多様な起業を中心とした別の総合開発を企画するのが適切なのではないか。小網代散策の機会を通し、またさまざまな懇親の場でポラーノ村のメンバーと何度も何度も意見交換を繰り返し、自然と共存できる地域経済を軸に、都市基盤整備もすすめるもう一つの「三戸・小網代開発計画」を、具体的に提案してゆこうと決めたのでした。

提案は、二つの出版物で実行されることになりました。一つは、「三戸・小網代開発」へのポラーノ村からの代案を、基本的なビジョンとともに印刷し、冊子とすること。

もう一つは、小網代の谷の自然のすばらしさ、可能性、首都圏における意義を広く一般の人々につたえ、私たちが考えた開発の代案をサポートするための出版。こちらは、ナチュラリスト仲間と調査・探険をすすめる私が、日記形式で仮りまとめしていた冊子を、増補し、正式な出版としてゆくことになりました。

緑豊かな森を未来へつなげたい

三戸・小網代開発への私たちの代案は、1987年、「小網代の森の未来への提案」という小冊子として、関係機関に配布され、一般市民にも希望者には有償で頒布されました。そこに提示された提案が、以後、今日にいたるまで、小網代保全活動の基本提案となっているのです(提案の骨子が図2に整理されていますので、ご覧ください)。

私たちは提案の基本コンセプトを、「三浦の未来の文化を支える中心の森・緑の共生圏小網代」としました。

中心提案はもちろん、小網代の谷・流域生態系の全体保全です。これについて87年の私たちの提案は、「小網代の森にパンダやコアラは住みません。しかし、在来の生物がこれだけ密度濃く暮らす地域は、もはや首都圏では稀有《けう》になりました。しかも小網代の森は集水域(=流域)全体が人為的な攪乱《かくらん》からほとんど解放されて、ひとまとまりで自然の状態におかれています。首都圏では文字通り、〝奇跡の森〟と呼ばれて良い集水域生態系です」と、位置づけ、評価しました。

5点セットの開発メニューのうち、農地造成、道路整備、宅地開発、鉄道延伸について、

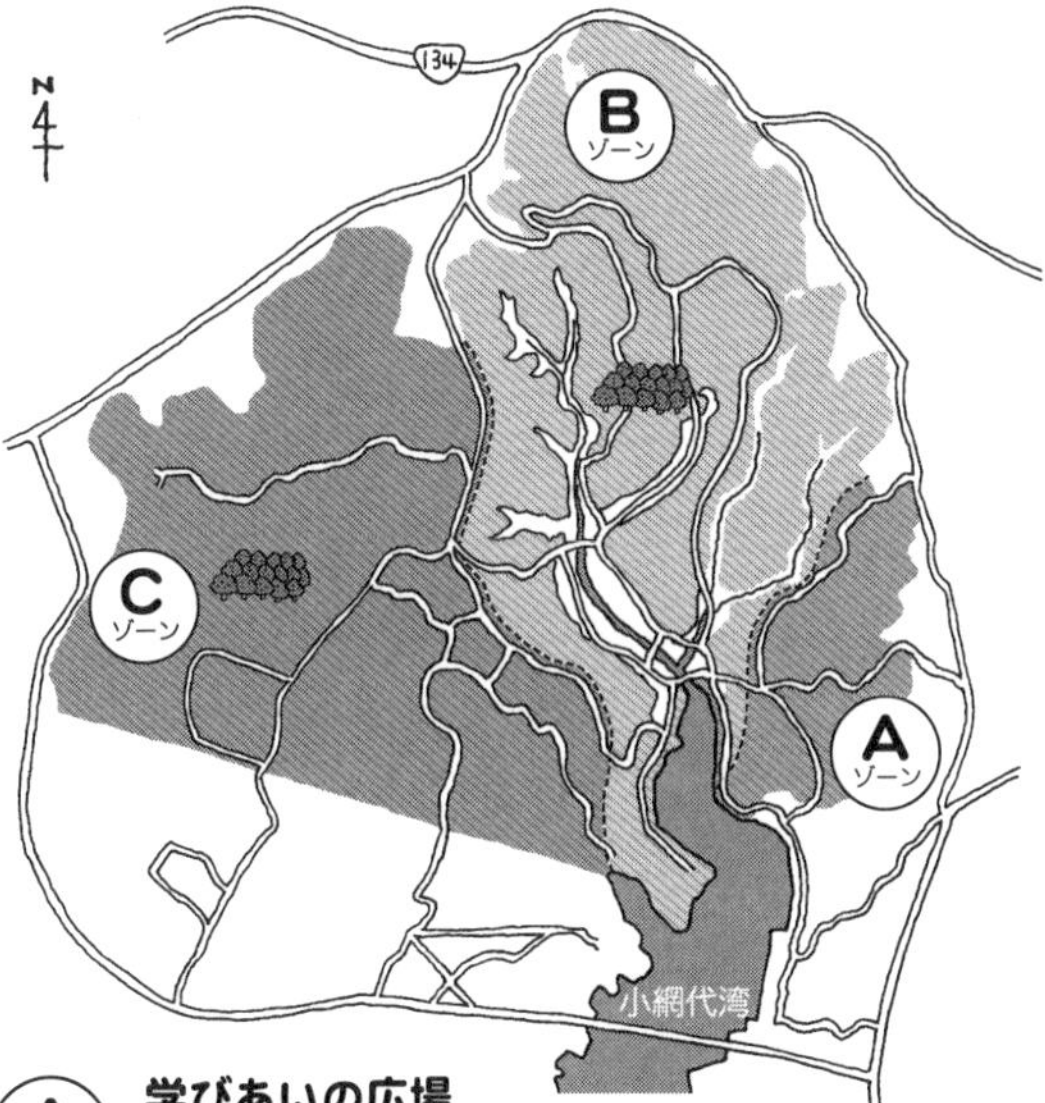

A ゾーン

学びあいの広場

・学校教育の一環として、体験と実習を通じて、児童生徒が自然の生態系、生活技術などについて学ぶ場とする
・あらゆる世代にむけて研修や生涯教育、フリースクールの場を提供し、B・Cゾーンへ踏み込む足がかりとする

B ゾーン

自然観察公園

・小網代の森をできるだけ自然に近い状態で保全し、森と湿原と海の多様な生態系の復元を図る
・自然観察、生態系に親しむことから、教育や研究まで広く深く関わることのできる森とする

C ゾーン

文化と生活技術の街

・自然と人間との共生をめざし、自立的な地域の再生をめざす様々な実験を行う
・自然と人間との関わりを通して、必要な生活技術を開発・実習・体験する
・生活技術を芸術の調和のとれた新しい文化を創造する
・障害をもつ人々とも共に暮らす

図2

ポラーノ村は、原案の方向性に大きな代案は示さない方針としました。基本的には賛成です、という意思表示ですね。

原案と大きく異なる計画を提案したのは、小網代地区のゴルフ場を軸としたリゾート開発計画です。

ここでいう小網代地区は、原案では、浦の川の流域の南に隣接する白髭《しらひげ》神社に降りる「南の谷」（Aゾーン）、〝奇跡の森〟の集水域生態系である浦の川の流域（Bゾーン）、そしてAゾーンの北に隣接するガンダとよばれる流域と、さらにその北に延びる北川流域をふくむCゾーンの、三つの地域に区分されていました。京浜急行電鉄の開発原案におけるそれぞれのゾーンの位置づけと、それに対するポラーノ村からの代案提案は以下の通りとなっていました。

Bゾーン：小網代浦の川の集水域全体に相当する領域。原案ではゴルフ場の過半、ならびに各種リゾート施設の予定された領域ですが、私たちの代案では、森と湿原と海の多様な生態系の保全・復元をはかり、自然観察や、生態系に親しむ研究・教育のできる森とする、としました。湿原を縦断する木道方式のトレイルの設置もメニューに入れました。全体70 haを

図３「小網代の森の未来への提案」の中に描かれたイラスト。当時から湿原の中にボードウォークが通っている。

超す大地域ではありますが、これらを総合して、ゾーンのコンセプトは「自然観察公園」とし、全体保全が当然の前提でした。

現在みなさんが、木道を軸として誰でも歩いて楽しめる小網代の自然は、まさにこの地域のことです。２００５年、〈小網代の森〉として、全面保全の実現した範囲は、もともとはゴルフ場とリゾート施設になる予定の場所、ほぼこのＢゾーンに相当しています。

Ａゾーン：小網代の森（Ｂゾーン）を港方面の街につなぐ回廊でもあるこのゾーンについては、原案では住宅開発予定地であることも踏まえ、コンセプトを「学びあいの広場」としておきました。

小学生から大学生までの生徒たちはもちろん、あらゆる世代にむけて小網代の自然を学び享受することをサポートできる施設領域とし、ここに建てるのは住宅ではなく、小網代のビジターセンターがいいのでは、と提案しました。小網代の自然を教材に、子供たちはもちろんあらゆる世代が、楽しみながら自然を学ぶことができる「エコ教育の基地」にしよう、と考えたのです。

このＡゾーンについては、２０１６年春現在、市街化（つまり住宅開発）が予定はされているものの、いまだに開発の実行はなく、私たちが87年に提案した「エコ教育の基地」のような利用は、むしろこれから実現する可能性があるのではないかと、希望しています。

Cゾーン：開発原案では、ゴルフ場、住宅、道路、造成農地、そして鉄道延伸や新駅の建設など、小網代地区ではもっともさまざまなかたちの利用が提案されている地域でした。Cゾーンはいくつもの谷が入り組んだ複雑な地形で、取り扱いのとても難しいところです。その地形を造成して、一部で農地を確保することは、今後の三浦市の近郊農業がより発展するために不可欠だろう、と私たちも理解しました。また、開発原案にあった道路の延伸や鉄道の延伸、そして新しい駅の建設も、地元の住民たちの願いだろうとも理解しました。

このため私たちが提示した代案でも、道路や鉄道の延伸を必要メニューに含め、この地域全体が、農業と、短期・長期滞在型の観光事業、文化・芸術と暮らしの共存する「文化と生活技術の街」になれば、という提案をしました。

このCゾーンには、Bゾーン（つまり「小網代の谷」）に匹敵する規模の自然が残された流域はありませんが、生態学の視点から注目すべきいくつかの小流域がありました。

筆頭は、Bゾーン（小網代の谷）に隣接する「ガンダ」と呼ばれる谷でした。ちなみにガンダとは「蟹田《がんだ》」のことで、ここにもたくさんのアカテガニやベンケイガニが暮らしています。Bゾーン同様、源流から河口の小規模な干潟まで自然の状態でまるごと残されており、しかも河口はそのまま小網代湾につながっています。

このため、私たちもできれば当地もまるごと保全したいと希望していましたが、ガンダのある場所は、鉄道の延伸や道路の整備地区と重なっていました。鉄道と道路の開発計画との整合性を考え、将来、鉄道と道路ができたときはこの地区からBゾーンの〈自然が守られた小網代の谷〉徒歩で行き来するルートとして開発されるのが適当、と私たちは判断しました。

「ガンダ流域」のさらに北には、〈北川〉と呼ばれるまとまった自然の残された流域がありました。北川の源流部には小網代の谷の半分ほどの規模の湿地があり、下流にはメダカの暮らす流れがあったのですが、そのさらに下流はすでに道路で分断され、畑と住宅街と街になり、海とは直接つながっていませんでした。

北川の流域は、小網代の流域と異なり、すでに生態系として海と大規模に連続する構造がなくなっていることや、鉄道や道路など交通網の整備計画と重なる場所であること、農地造成計画と重なる場所であることを考えると、全体を保全するのは難しいと判断しました。そこで私たちは、この地域を自然と、産業、暮らし・文化の融合する、部分的な開発地域と考える提案をまとめました。

現在、北川流域では、ほかの場所から運ばれてきた土砂を運んできて深い谷を埋め立てる作業が進んでいます。埋め立てが完了したあとは、住宅開発も計画されているはずです。けれども、北川に広がっていた森や水系を改めて再生することはこれからでも決して遅くはありません。産業、暮らし・文化の融合する、緑と水辺のある街を工夫してゆく道は、むしろこれからの課題になってゆくものと、私は考えています。

森のにぎわいをアカテガニでアピール

168haに及ぶ三戸・小網代開発計画。そのなかで、小網代の谷（Bゾーン）に集中して、私たちは「小網代の森の未来への提案」を行いました。その提案をさらに細かく説明するために、私が自ら執筆し、1987年11月に発行したのが『いのちあつまれ小網代』という書籍です。

この本では、小網代の森、湿地、干潟、海の生態系のまとまりに注目して、多様多彩な自然を紹介し、小網代の自然がなぜ価値があるのかについて解説しました。本文は1984年秋から1987年夏にいたる小網代保全の努力の経過を、日記のかたちで綴ったものです。

とりまとめの大きな特徴は、この谷がまるごと保全された場合に、それが未来の三浦、未来の首都圏にどのような意義をもつものか、強くアピールしたことかと思っています。

私は同じ1987年、小網代のある三浦半島から多摩地区までの緑で覆われた長い丘陵地帯「多摩三浦丘陵群」（後日、いるか丘陵と呼ばれるようになり今日にいたっています）の自然と暮らしをつなげて考えようという連携活動を始めていました。多摩三浦丘陵群の各地で活動している自然観察や環境運動を行っているグループと自然の中を歩くウォークイベントも始めました。この連携ウォークイベントが小網代を初めて訪問する日（11月10日）に合わせて、発行したばかりの『いのちあつまれ小網代』を参加者に紹介することができました。

本の内容で、もうひとつ重要なのは、小網代保全にあたって、生物学や環境問題の専門家ではなく、広く一般市民や企業や行政から保全を応援してもらうための戦略として、アカテガニを大きくとりあげたことです。小網代の森ににぎわい暮らし、真夏の夕暮れの干潟で幼生を海に放すアカテガニたちは小網代の自然の象徴。森と干潟と海のすべてを暮らしの場とするアカテガニたちに読者の共感が集まれば、小網代の谷をまるごと総合的に保全しようという提案にとって強力なサポートになるだろうと見きわめていたのです。

「三戸・小網代開発計画」への代案提示は、かくして二つの出版物の形で無事、実行されました。小網代の開発・保全をめぐって、地元行政、地元企業、市民団体を広く、おだやかに巻き込む動きが始まりました。私たちが行政や開発主体と具体的にやり取りをはじめるのは、もう少し先のことです。

第2章　オンリーワンの「奇跡の谷」を守りたい　1988〜91

ゴルフ場には反対、でも開発は賛成

1988年、小網代《こあじろ》の開発に関して、最初の大きな動きが見えてきました。ゴルフ場開発は、「三戸・小網代」地区の開発の中心的な事業であり、開発全体を誘導する資金確保のための重要な仕組みでした。そのゴルフ場開発が、実行可能になるかどうかを左右する最初の行政判断が出るというのです。

この場合の行政とは、神奈川県のことです。

すでに県内に多くのゴルフ場を抱えていた神奈川県は、1980年代後半当時、新たなゴルフ場開発を認めない方針をとっていました。しかし、県は、小網代を含む県内の複数のゴルフ場開発期待に応えるため、その方針を一部変更し、三浦市を候補地の一つとして、「ゴルフ場開発に関する特別解除の方針」を検討している、というのです。

ゴルフ場開発の規制が解除されたからといって、自動的に原案通りのゴルフ場とリゾート

施設を柱とする開発が動き出すというわけではありません。けれども、いずれそうなる可能性が高まることは間違いないと、私たちは考えました。

ゴルフ場の代わりに小網代の谷を自然のまま保全し、周辺開発の付加価値の向上にもつながるはずのエコリゾート、エコ教育の場としてほしい。私たちのそんな〈代案〉を、開発主体となる企業にも、国や県や市の行政にも、地域の市民にも検討してもらう。そのためには、県による「ゴルフ場開発規制を解除する方針」の発表をやめてもらうか、あるいはその内容に大きな変更を盛り込んでもらう必要がありました。

状況は急を要していました。私たちは、地域のさまざまな団体とも連携し、神奈川県が「ゴルフ場特別解除方針」の発令を思いとどまるように要請する署名運動を展開することにしたのです。

地元のさまざまな団体との調整は、私が担当しました。1970年代、横浜市で干潟の保全運動の事務局を長く担当していた経験のある私は、政治団体を含め、誰とどのように話をすれば署名運動がうまく進むのか、見通しよく理解できる位置にいたからです。

1989年早々にスタートした署名運動は、素晴らしい勢いで進みました。署名運動には、ポラーノ村のほか、地元の環境系のさまざまな組織、労働組合なども参加。全国に会員の広がっていたポラーノ村会員とその連携市民団体は、東京都町田市、横浜市などの市民ネットワークなどにも応援されて、わずか2か月で3万人規模の署名を集めました。

私たちが持ち込んだ山のように積まれた署名簿を受け取って、三浦市や神奈川県が、どのような感想を持ち、検討を行ったのか。私たちは詳細を知りません。

それでも、署名の提出後に自治体関係者から漏れ伝わってくる情報から、署名の効果は大きく、ゴルフ場開発規制の解除の条件として高額の会員権を設定するタイプのゴルフ場でないこと、自然環境が特別に重要と判断される場所ではゴルフ場開発は認められないことなどが盛り込まれると、わかってきていました。

意外と思われるかもしれませんが、すでにこの段階で「ポラーノ村を考える会」は、署名運動は成功と判断したのでした。

この署名を受け、神奈川県がゴルフ場開発規制の特別解除発表そのものを放棄する、と期待した人々は、大きな失望があったかもしれません。しかし都市計画が合法的に進められるはずであろうこと、開発の主体である京浜急行電鉄がビジネスの視点で開発の損得を経済合理的に判断するであろうこと、小網代の自然生態系の価値について専門的な評価の揺らがないことを私たちは深く確信していました。このため、特別解除に盛り込まれると予想される

「高額会員権に頼るゴルフ場は認められない」、「重要な自然環境地域はゴルフ場開発されない」という2つの条件だけで、ゴルフ場開発自体が実質的に無理になるだろう、今後の工夫と努力で計画は大きく変更できるだろう、と判断したのです。このような判断の速さ、形式よりも実質で前に進む私たちのやり方も、小網代保全の進展に大きな力となったはずです。

もちろん、そんな判断の背景には、当時すでに過熱するリゾート開発への批判が全国でたかまり、バブル崩壊がすでにメディアで話題になり始めていた事実も、あっただろうと思います。

自然重視の開発を呼びかける

署名運動の勢いをみさだめて、私たちは、かねてからの予定通り、手元にあった現場資料、調査資料だけを頼りに、小網代の自然環境の現状と開発による影響を評価し、併せてゴルフ場抜きの開発を具体的に提案する文書、「小網代の自然の保全に関する意見書」を作成し、1989年2月20日、県知事に届けました。

「ポラーノ村を考える会」の運動は、三戸・小網代開発反対なのではなく、ゴルフ場を開発する代わりに小網代の谷の自然を保全することで、より高付加価値な開発になるということを呼びかける代案の提示です。それを改めて明示したものです。

意見書の作成と出版は、専門的な意見をまとめる際の私たちの窓口、「小網代を支援するナチュラリスト有志」（代表は岸）が担当しました。冊子のタイトルは「小網代は森と干潟と海」。冊子は関係方面に配布されるだけでなく、一般での販売も行いました。都市計画に関する大きな提案は、可能な限り、誰もが見ることができるように公開するのがよい。それが、私たちの信念だったからです。

政治団体による全面反対運動とは別の現実的な代案提示であることを鮮明にしたその文書は、ポラーノ村提案のBゾーンにあたる小網代中央の谷70haに加え、Aゾーンに相当する南の谷、それにBゾーンの北に隣接するCゾーンの一部、ガンダと呼ばれる谷を合わせた合計100ha規模を「小網代の谷」と呼び直し、その全体の総合的な保全を呼び掛けていました。

三戸・小網代開発における保全配慮の焦点は、その100haであるとあらためて焦点を設定し、そのうえで、小網代湾に流入するこれらの三つの流域の自然が、水や物質の循環や生物の暮らしを通して、どのような相互関係にあるかを概説しました。生態系としての、森、湿原、干潟、海の連携の重要さを指摘するとともに、ゴルフ場開発計画が変更され、Bゾーンにあたる小網代中央の谷70haの厳正保全を軸として、これに隣接するAゾーン、Cゾーンにおける開発が自然と共存する適切な配慮をうければ、どれほど豊かで、教育、観光にも有効な暮らしと自然の共生圏が実現されるか、アピールしたのでした。

まだ本格的な調査は困難な状況でしたが、ナチュラリストがそれまでに記録していた動植物、627種のリストも添付されています。

3月末、神奈川県は、「ゴルフ場開発規制の特例措置の基本方針」を発表しました。予想通り三浦にゴルフ場開発ありとの結論ではありましたが、許可条件の一つに、「自然環境保全等の観点から保全を要する地域については（ゴルフ場開発の）立地を規制する」という、待望の文言が入っていました。

政治運動はしない

1989年の終わり、小網代の保全活動に大きな転機が訪れました。署名運動を一緒に行った仲間の一人が三浦市長選に立候補したいと意思表示したのです。

私を含めて「ポラーノ村を考える会」、「小網代を支援するナチュラリスト有志」は、小網代の保全は政治運動化すればするほど計画変更が困難になると判断していました。

「いま、小網代の保全に必要なのは、政治運動ではない。行政や企業がゴルフ場とは別の開発を検討するための十分な時間や質の良い資料を私たちが存分に提供することが焦眉の課題。私たちの周辺から、開発計画に政治的に反対する人が選挙に出て負けてしまえば、勝ってしまった開発推進側はむしろ無理にでもゴルフ場開発にこだわるほかなくなってゆくはず」と説得を繰り返したのですが、意見は平行線をたどりました。

署名運動の高揚が生み出してしまったそんな政治的混乱の中、私たちは、政治を目指す個人・団体と改めて明確に距離を置き、小網代の保全を促す具体的な代案提示をして次のステップに進むことを、行動で、内外に明確にしようと考えました。そのためには、地元の市民と連携した新たな自然愛好団体を創設する必要があると考えたのです。

小網代の森を守る会創設！

1990年6月に私たちは、小網代に新しい市民団体を創設しました。行政や企業は、ゴルフ場とは別の開発を検討し始めるはずと、未来を見定めて、行政の保全勢力を多面的に応援するための市民組織として、「小網代の森を守る会」が活動を開始したのです。もちろん、「ポラーノ村を考える会」、「小網代を支援するナチュラリスト有志」がサポート役となってのスタートです。後に本書の著者である私＝岸も、共著者の柳瀬も、中心スタッフに加わることになりました。

「小網代の森を守る会」の設立時の活動方針は以下の通りです。
（1）特定の政治イデオロギーに制約されない。
（2）（小網代の谷の通行可能な部分に限定して）クリーンアップや自然観察（自然観察&クリーン）を進める。

「小網代の森を守る会」は、「政治活動には与しないこと」、「小網代の自然の魅力を維持し、紹介する実践行動に徹する姿勢」を、最初から明確にしたのですね。

規約等には明示されませんでしたが、当時設立後まだ数年しか経っていなかった「みどりのまち・かながわ県民会議」（「（公財）かながわトラストみどり財団」の初期の名前）と連携して、小網代保全をアピールするための会員加入運動を進めること、アカテガニを小網代の森と干潟と海をまもる象徴として広報してゆくことも、中心メンバーの強力な提案を受けて、一貫した活動の方針になってゆきました。

1989年、署名運動で成果を出したのち、1990年からの私たちの活動は、署名運動の興奮とはうってかわって、小網代の自然の魅力を一般市民や子供たちに紹介し、一緒に観察会や、ゴミ掃除を通して、小網代の魅力を広く市民に伝えていく静かな活動にシフトしてゆきました。

小網代は、アカテガニの暮らす森と干潟と海を愛する訪問者たちがナチュラリストたちのガイドで散策やボランティア活動に集う、静かな谷に変わっていったのです。

小網代に世界の生態学者がやってきた

署名運動が有名になったこともあり、1989年は、小網代をテーマとするテレビ、新聞、雑誌等の取材、報道もにわかに活発になっていました。筆頭は、NHKの自然番組「地球ファミリー」でした。89年の夏に小網代取材の申し出があり、それから1年半にわたって岸と柳瀬を含むナチュラリスト有志の全面協力で、現場取材が進んだのです。

その現地撮影が佳境に入った1990年春5月、定例記者会見で神奈川県の長洲《ながす》知事が「小網代のゴルフ場計画を認めるのは難しい」と発言したという新聞報道がありました。これをおって「三浦市はいままで通りゴルフ場開発を検討」との報道もありましたが、保全の可能性が高まったことは明らかでした。

そしてさらに驚きのニュースも飛び込んできました。8月、横浜磯子のプリンスホテルを会場とし、神奈川県が後援する形で、世界の生態学者たちが一堂に会する国際生態学会議が開催されるというのです。しかも今回のテーマは、地域の自然の相互関係やまとまりを機能的に分析する新しい生態学の分野である景観生態学。小網代保全のテーマにまさにぴったりの分野なのです。

当時、生態学の研究者としてもまだ現役だった私は、「ポラーノ村を考える会」「小網代を支援するナチュラリスト有志」「小網代の森を守る会」のスタッフの皆さんの応援を得て、「小網代を守れ」(Save the Koajiro)というポスター発表で「国際生態学会議」に参加する方針を決め、準備に入ったのでした。

8月、生態学会議の開会中は驚きの連続でした。

会期の冒頭に三浦半島へのエクスカーション(研究者たちの視察小旅行)が予定され、小網代を訪問する可能性がありました。研究者としてこれに参加することになった私に、当時神奈川県の自然保護課課長だったHさんから、何人かの候補の一人として、「現場で小網代の自然の案内をするように」との要請が入ったのです。

H課長さんとは、89年の要望書を提出して以来のお付き合いでした。「私たちの活動は開発賛成、あくまで開発の代案としての小網代の保全」と言う私に対して、「気持ちはよくわかるが、市街化区域で、開発面積の半分を自然状態で保全する開発というのは、開発反対と思われるよなあ」と、困惑した同情をしめしてくださっていた方でした。

8月26日、エクスカーション当日は、全天まさに抜けるような真夏の快晴。当時はまだ立ち入り可能だった谷頭の展望地からの眺めは絶景で、参加した外国人研究者の多数が手を挙げ、声を上げる状況となりました。

足元から相模湾《さがみわん》にむかって刻まれた緑一面の小網代の谷。流域まるごとが緑につつまれ、その下方に干潟が広がり、リアス式に内部にくいこんだ小網代湾、そして相模湾に連なる光景が一望できたからです。

北の尾根をたどって干潟におりる道すがら、私は、各国の生態学者たちから猛烈な質問攻めにあいました。

「どれほどの生物多様性があるのか」、
「これほどすばらしい自然がなぜゴルフコースになってしまうのか」、
「行政の応援はないのか」、
「国や国際組織にはすでに働きかけているのか」、

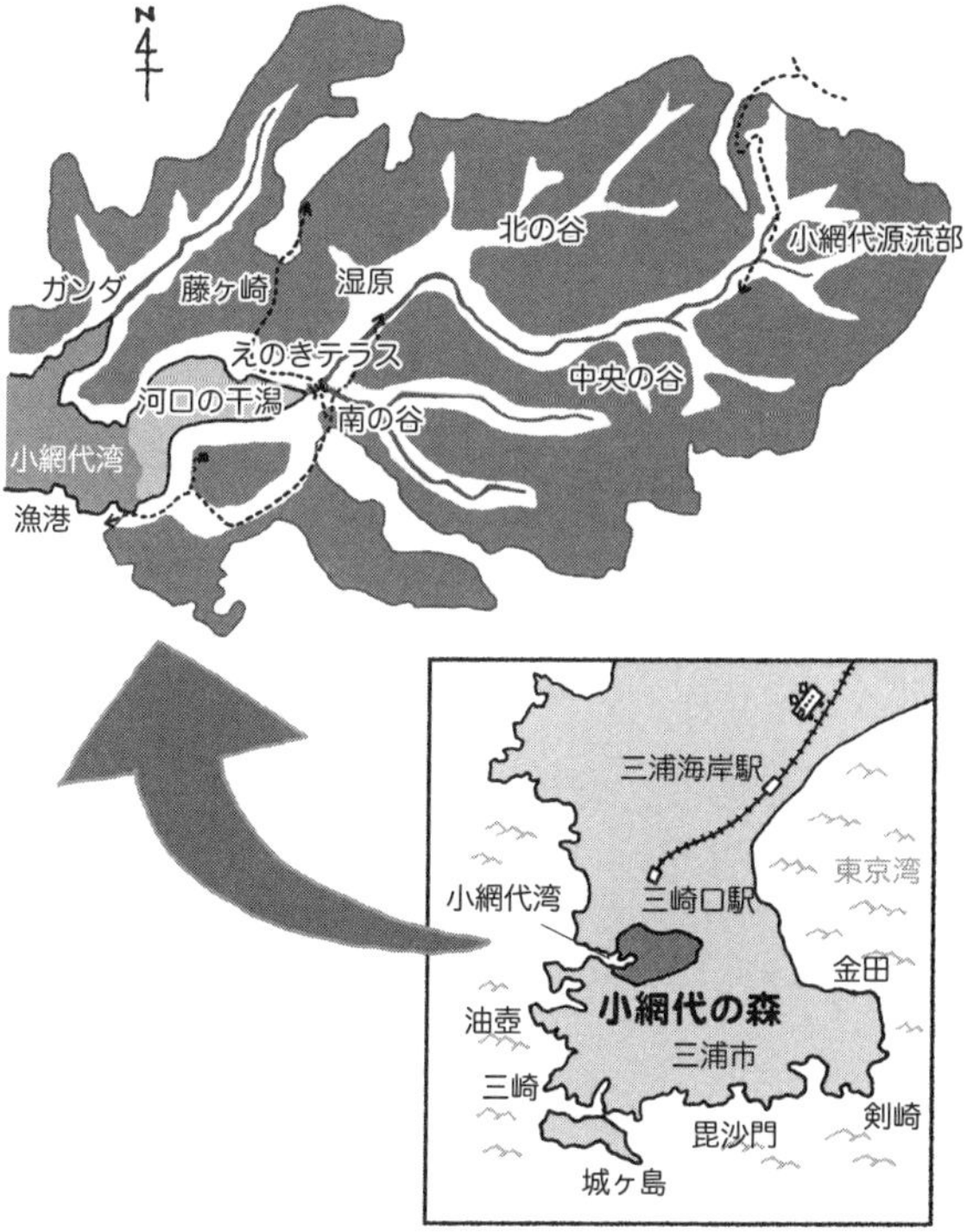
N
ガンダ
藤ヶ崎
湿原
北の谷
小網代源流部
えのきテラス
河口の干潟
南の谷
中央の谷
小網代湾
漁港
三浦海岸駅
東京湾
三崎口駅
小網代湾
金田
小網代の森
油壺
三浦市
三崎
剣崎
毘沙門
城ヶ島

小網代は
首都圏に残された
「まるごとの自然」

「谷の各所に散在するごみ投棄はすぐにでも止められないのか」。

評価のコメントもひっきりなしでした。一番衝撃的だったコメントは、「源流から干潟まで流域生態系がこのような形でまるごと自然の状態にあり、しかもその全体をみわたす展望地から、さらに相模湾、遠方の島（大島）、伊豆半島から富士山まで遠景が全貌できるような絶景地は、同じ緯度で地球をぐるりとベルトで区切った地域全域で、ここにしかないかもしれない」と言い出す研究者がいたのです。その言葉を受けて、何人かの研究者が早口の英語でやりとりをしました。結論がその場で出たわけではないのですが、各国の研究者たちの意見交換を脇で聞いていた神奈川県のH課長さんは、私に「どんな話になっているのか」と質問してきました。

「小網代の自然は、地球の同緯度で見て、景観生態学的にいって他に例のないかけがえのない生態系かもしれない、という話をしています」と、研究者たちの英語のやり取りの内容を私が通訳して説明すると、H課長は深く納得した様子でした。

当初、三浦半島の他の場所も回る予定だったエクスカーションは、結局小網代の訪問だけで時間を使いきってしまいました。一同はバスで城ヶ島に移動し、そこから高速船で江ノ島の会議場に移動して総括集会が開かれました。

総括集会でも、内外の研究者たちから「小網代は素晴らしい自然だ」という発言が延々続き、会議は無事終了となったのでした。

実はその直後に、本当の驚きが控えていました。

江ノ島での会議が終わり、江ノ島から反対岸の片瀬海岸までの橋を一人歩いて移動中だった私に、後ろから小走りでH課長が近づいてきたのです。

「岸さんの考えていることがよくわかった。神奈川県として頑張るから協力してください」。H課長はそう言い置いて、先を急がれたのでした。

翌27日から31日は、会議の会場で、私たちのポスター発表が行われました。昨日のエクスカーションで小網代を訪問した外国の研究者たちが次々に訪れ、スタッフと意見を交わし、小網代保全へのメッセージを寄せてくださったのでした。

そのメッセージ集は後日、ひとつの冊子のかたちでまとめられることになります。

小網代のアカテガニが全国区のスターになる!

国際生態学会議の夏の興奮もさめた、晩秋、11月5日、夜。前年から長く取材支援を続けてきた、NHK「地球ファミリー」の番組が全国放映されました。

タイトルは、「森から海へ小さなカニの大旅行：三浦半島・アカテガニの住む谷」（田島令子語り：岸由二出演：NHKエンタープライズ共同制作）。

当初、ゴルフ場開発反対のアピールをもりこみたいとの意向もあった取材支援依頼でしたが、「企業批判や反対のメッセージは一切いりません、ただひたすら美しい小網代の谷とそこにくらすアカテガニの感動だけを映像にしてください」という私たちの強い要請をそのままうけていただき、希望どおりの静かで美しい小網代紹介となりました。

生物多様性論の専門家として一言解説しておきますと、番組取材に対して私がしたアドバイスは、次のようなことがポイントでした。

小網代の森と干潟と海のすべてを生活史の拠点、暮らしの場とするアカテガニは、当時アメリカで注目され始めていた保全生態学の専門用語でいう〈umbrella species（雨傘種）〉とみなすことができます。そのアカテガニの小網代での生態を紹介することで、森と、干潟と、海で構成される小網代の拡大流域生態系の自然の価値、景観生態学的な価値を、広く一般の人々や行政に広報することができる。「地球ファミリー」の映像には、そんな大仕事を果たしていただいたのです。同番組は、まだビデオ版がどこかで入手可能かもしれません。

「地球ファミリー」の放映されたこの秋は、小網代保全のビジョンをめぐって、私たちと行政、企業のあいだで、ようやく具体的で、真剣な意見交換、情報交流の進む時代の幕開きともなりました。

発端となった最大のエピソードは、神奈川県自然保護課からの要請でした。小網代保全の可能性を検討するための基礎資料がほしい、ついては岸さんたちの手元にある小網代の資料、承知している情報をメモのかたちでよいから提供してほしい、というのです。

神奈川県自然保護課H課長が約束通り、動き出してくださったのです。

もし、私たちが政治的な反対活動を始めていたら、神奈川県との関係も硬直してしまい、こうした要請をいただくことはありえなかったかもしれません。

国際生態学会議で海外の研究者からいただいたコメントは、翌1991年の春、対訳方式の小冊子として出版され、おそらく専門家や行政に、多大な影響を与えたと思われます。

当時の国際生態学会議会長、ドイツのミュンヘン工科大学教授ハーバー博士をはじめとする碩学《せきがく》のみなさんや、2度目の出会いで親しく話のできる知り合いになっていた社会生物学の理論的な創始者W・D・ハミルトン博士のコメントなども含まれていたからです。

実は、国際生態学会議で、私たちが小網代のポスター発表をしたとき、日本の研究者からはほとんど何の反応もなかったのです。が、事後的に何通ものコメントが届きました。「あのハミルトンもコメントを寄せたらしい」との噂《うわさ》が走って、なんと当時の日本生態学会会長からも丁寧な事後コメントが届きました。感謝し収録させていただいたのは言うまでもありません。

小網代の応援団が増えてゆく

１９９１年、行政レベルでは、ゴルフ場開発へのこだわりはさらに軽くなり、小網代の谷保全の可能性が、さらに深いレベルで具体的に検討され始めるはずと、しっかり、実感できる年となったのです。

小網代の開発主体となる企業の動きも、また間接的に見えてくることとなりました。１９９１年７月末。小網代でゴルフ場開発を予定していた京浜急行電鉄と初めて間接的に意見交換するチャンスがやってきたのです。

声をかけてくださったのは、同社社長の〈名代〉と自己紹介する、当時、神奈川県では大変に高名な自然保護活動家３名の皆さんでした。小網代の民宿に出頭して夕食をともにせよ、との連絡がはいったのです。

意見交換の要点はこうでした。

「京浜急行電鉄社長は小網代保全の可能性ありと考えている。ただし、Bゾーンの北の部分の小流域（北の谷）17haについて、先行して全域を埋め立てるのが京浜急行さんの希望だ。私たち〈名代〉としては、代わりに隣のCゾーンの北川流域の、貴重なランの多産する源流地の一部を保全するのがよいとの提案を考えている」とのことでした。

楽しくかつ感動の意見交換、そして夕食ではあったのですが、87年にポラーノ村が提案した〈流域1番・希少種2番〉の景観生態学的な保全ビジョンに沿って、このお申し出はお断りするほかありませんでした。

理由は3つ。

(1)北の谷を埋めてしまうと、Bゾーンの河口部3haを超える大湿地は水の供給を断たれて湿原再生は不可能になり、干潟も壊滅的な打撃を受ける。

(2)小網代の浦の川流域を生態系として全面保全し、すでに海との自然の連結の断たれている隣接の北川流域については、市街化と自然保全の両立する開発を提案するというのが私たちのビジョンであり、その旨すでに「小網代の森の未来への提案」（1987）ほかで繰り返し公表済みで、北川の生態系を部分保全するために小網代流域の中心部分の先行開発を了解することはありえない。

(3)私たちは87年のポラーノ村の提案通り、小網代の浦の川流域（Bゾーン）生態系の丸ごと保全を、第一としたい。

意見交換はにぎやかな雑談で終了しました。とはいえ、〈名代〉の皆さんがどのような感想をお持ちになったか定かではなく、〈流域1番〉〈希少種2番〉の私の流域主義の、景観生態学的な真意が伝わったかどうか、不安がなかったかといえば嘘《うそ》になりますが、これで京浜急行さんが動き出す、動き出してくだされば、ベクトルは必ずや浦の川流域の全面保全に向かうだろうという希望が、私の中でにわかに大きくなったのでした。

保全をめざす行政の動き

1991年夏、開発主体である京浜急行電鉄が動きを見せた一方で、監督官庁である神奈川県の動きも一気に活発になりました。

神奈川県は、すでに前年から小網代の谷の特徴である「集水域・干潟・海が自然状態で連接する生態系」というものが、はたしてどれだけ貴重なものか、房総半島の自然を事例とする詳細調査を進めていたのです。

1991年3月に提出された神奈川県の報告書は、房総半島には小網代と類似の生態系なしと結論し、「流域がまるごと自然で残っているのは首都圏では小網代しかない」という私たちの主張をサポートしてくれたのでした。

私たちが保全の焦点として提案してきた、「小網代の谷」、「北に隣接するガンダの谷」、「南に隣接する南の谷」の全域について、それまでに収集されていた自然に関するデータをまとめた簡単な報告書も、神奈川県は同時期にまとめていました。

神奈川県のいずれの調査についても、私を含む「ナチュラリスト有志」の提供する資料が大きな支えになっていたことは、言うまでもありません。

さらに同じ91年度には、神奈川県の環境部政策課が、県内の市街地周辺の緑や海岸地域について、あらためて自然の重要さを検討する「地域環境評価」を開始しました。この調査は市街化調整区域を基本対象としていましたが、市街化区域として大規模開発の予定地になっていた小網代地域も対象とされ、「最上位」の評価を得ることになったのです。

行政＝神奈川県も、企業＝京浜急行電鉄も、ポラーノ村以来の私たちの小網代保全提案を含む開発代案を検討する状況になりました。

奇《く》しくもこの年、未曾有《みぞう》のバブル景気が崩壊し始めました。各地での加熱しすぎたリゾート開発に疑問符が投げかけられ、途中でストップする開発もで始めた頃です。

そんな時代背景も受け、政治的な反対運動をするのではなく、ゴルフ場開発に代わる「小網代の自然を保全するもう一つの開発」を、ひたすら正面から公表提案してきた私たちは、当初のビジョン通りに、さらにまっすぐ進んでゆこう。あらためてそう決意したものです。

1991年夏、「カニパト」スタート

1990年秋のNHKの小網代放映は、翌91年の小網代に大きな影響を与えました。

小網代にはたくさんのアカテガニが暮らしています。崖や斜面や川辺に暮らし、木登りも自由にできる森のカニなのですが、幼生時代は海で育ちます。真夏の大潮の晩、おなかに孵《ふ》化《か》直前の数千・数万の卵を抱えた母ガニたちが日没にあわせて干潟の縁に集まり、上げ潮にあわせて膨大な数の幼生を放す感動的な光景を繰り広げるのです。

NHKの放映で全国に知られたその習性が大変な評判になり、まだ保全されていない小網代の干潟に、多数の訪問者が集まりだしたのでした。個人、団体、観光バスで乗り付ける団体。まだ放仔《ほうし》の始まらない春の日の日中から、アカテガニの放仔を一目見ようと人の波が押し寄せ始めたのです。

「岸先生たちの保全活動をやめてもらうための地域の署名活動を始めよう」という声が地元から出ているという噂も聞こえてきました。このままでは大きなトラブルが起きるのは必至でした。静かな小網代の海辺にたくさんの人たちが押し寄せれば、海岸近くの民家や漁師さんにもさらに迷惑がかかります。焚《た》き火などをして、山火事を起こす人が出ないとも限りません。アカテガニの放仔は、夕方から夜にかけて海辺で行われます。岩場で転んで怪我《けが》をしたり、海に落ちて溺れたりする人が出ないとも限りません。

そんな訪問者の皆さんの安全を確保し、地元とのトラブルも可能な限り回避しアカテガニをはじめとする自然への攪乱《かくらん》も抑えながら、同時に、アカテガニの放仔を観察して感動も体験してもらう。そんな活動を組織する必要性がにわかに高まってきたのでした。これをうけて、「小網代の森を守る会」は、スタッフでローテーションを組み、「カニパトロール」、略して〈カニパト〉を開始することになったのです。

スタッフの人数には限りがあります。スタッフを充当できない日は、「小網代の森を守る会」が、身内で資金を集めて専門の警備会社を雇用し、海辺でパトロールを代行してもらい、海岸線でのトラブル回避を進めることもありました。

真夏の夕方、小網代のアカテガニの放仔の観察補助をしながら、安全確保や自然の攪乱を防ぐ「カニパト」は、91年夏にスタートして以来、その後も引き継がれ、「小網代の森を守る会」の後継組織である「小網代野外活動調整会議」さらには「みどりのまち・かながわ県民会議」の後継組織である「(公財)かながわトラストみどり財団」の事業として、今日に至るまで維持されています。

テレビで見たアカテガニの放仔を観察したい！　小網代の自然を歩きたい！　そんな思いで小網代を訪れてきた一般の人々を、「危ないですから帰ってください」「まだ保全されていないから帰ってください」と追い返すのではなく、「安全の問題がありますから、私たちと一緒に観察しましょう」と仲間になってもらう。「カニパト」のこの方針は、現在にいたる小網代の保全のスタンスのひとつのかたちでもあります。

トラスト会員加入促進で小網代応援団を！

森で暮らし、干潟で海に幼生を放ち、幼生はカニとなって再び干潟に上陸し、森に戻るアカテガニたちの暮らし。小網代の森と干潟と海のすべてをその生活の場とするアカテガニの姿に、メディア報道や一般の人々が寄せてくれる共感は、小網代保全の確定をめざす私たちにとって、本当に大きな励ましとなりました。この励ましを、さらに実質のある、保全の力に変えてゆかなければならないと、私たちは考えました。

小網代をめぐる専門的な評価について、私たちはすでに確信に近い自信を持っていました。森、湿原、干潟、海が自然の状態でひとまとまりに連続する関東唯一の集水域生態系・小網代の価値は、景観生態学、生物多様性生態学、いずれの専門領域からみても、奇跡に近いものだからです。

しかし、都市の計画において、行政、政治、企業の意思を決めるのは、専門家による専門的な評価だけではないことを、私は過去のつらい市民活動の現場経験から熟知していました。行政、政治、企業が、小網代の谷については、全面開発より保全の道を選ぶ方が有利、と考えてくれなければ、議会や企業の経営会議における最終的な決定は難しいと、私たちは思っていました。

そのために役立つのは、専門家による専門的な評価とは別の、市民の大きな応援、世論だろうと判断したのです。

実際、89年に行った署名運動には4万人近い一般市民の応援が集まり、小網代の谷をゴルフ場開発ではなく、自然保全のかたちで生かそうという流れができました。しかし一般市民からの応援を、いつまでも署名運動のレベルで続けるつもりはありませんでした。

一番理想的なのは、小網代の自然保全を願う一般市民の皆さんが実践的なボランティア活動を行ったり、寄付活動を行ったりすることでした。しかし、この時点ではまだ大半が私有地である小網代の谷で、一般市民によるボランティア活動を拡大することは、現実的には困難だったのです。

そこで次の可能性として提案されたのが、設立後5年を経て小網代保全に今後影響力があるだろうと予想されたトラスト活動組織「みどりのまち・かながわ県民会議」の会員募集を大々的に応援すること、それとともに「アカテガニ募金」を進め神奈川県の自然保護基金に寄付してゆく行動でした。

県民会議は現在の「(公財)かながわトラストみどり財団」の前身組織です。県内外の市民に有料会員となってもらって、会費を集め、集まった会費をベースに神奈川県内の自然保全を啓発・推進しようと、イギリスで始まった「ナショナルトラスト」のやり方を目指していました。私たち「小網代の森を守る会」は、自ら志願して、その会員募集を大々的にお手伝いすることにしたのです。アカテガニへの共感をてこにして、トラスト入会という形で小網代の応援団が増えれば、かならずや行政、議会における、保全誘導の応援になる、そう判断したのです。

「アカテガニ募金」を立ち上げ、小網代を訪れた人たちに寄付をお願いし、神奈川県の自然保護基金に寄付する行動も、もちろんその延長行動でした。

「県民会議」のナショナルトラスト有料会員の募集支援活動は、「小網代の森を守る会」の最大の仕事になりました。

1991年夏から本格化した会員募集の支援活動は、小網代の自然観察会の現場や夏の夕方のカニパトの現場はもちろんのこと、小網代を応援する三浦半島、横浜、東京都町田の市民活動の拠点各地で、展開されました。またしても成果はめざましいものとなりました。1994年夏までになんと4000人の新規会員の加入を実現したのです。

これと同時に進められた「アカテガニ募金」は、神奈川県がいずれ小網代の用地を取得するときの資金の一部となることを期待して、毎年神奈川県に寄付されていきました。

トラストの会員募集の応援も、アカテガニ募金も、共通するのは、単なる署名ではなく、個人年会費は2000円、家族会員費3000円という有料形式で、小網代保全の応援団になってくれる一般市民が増えていく、ということです。その流れは、行政が小網代をゴルフ場にする代わりに自然を保全するという決断を下す際に、議会を説得する大きな応援になっただろうと思うのです。

第3章　小網代をサンクチュアリに　1992〜2011

保全表明まであと一歩

1992年以降の小網代は、保全表明まであと一歩、という空気に包まれ始めました。公然とは語られませんでしたが、ゴルフ場を開発の軸とする道は、ほぼ、不可能という判断が、企業＝京浜急行電鉄、行政＝三浦市、神奈川県を包み、さらに小網代の自然を保全する道を選ぶ場合の行政にとって必要な基礎資料もすでにかなりの整理が進んでいると、私たちは承知していたのです。

しかし、では、ゴルフ場予定地とされた小網代の谷を、どんな制度で、どんな資金で保全し、どのように活用してゆくのか、肝心かなめのポイントについては、まだ難題山積という状況だったろうと、思われます。

そこで大きな責任を担い、仕事を果たしたのは、行政の責任者、担当者でした。当時、私は、さまざまな可能性を検討し、選択し、決断してゆく神奈川県と三浦市の行政トップの誠実さ、トップの決断をささえる行政職員の命がけの仕事に、何度も付き添い、感動の体験をしたものです。

当時の三浦市長・久野《くの》隆作《りゅうさく》さんは、「私は開発推進者だが、条件がそろえば、ゴルフ場開発は無理と自ら決断する、意見交換を続けてほしい」と、なんでも率直に話してくださる誠実な方でした。「国から重要な情報が入った、事情を確認したいからタクシーを飛ばしてすぐ三浦市役所に来てほしい」と、町田市の山中の自宅に突然電話が入った91年夏の午後のことは、忘れることができません。詳細を公表することはできないのですが、ゴルフ場開発の断念は、三浦市長さんのその日の明晰《めいせき》な判断が確定的なものにしたと、私は理解しています。

保全の可能性の検討に邁進《まいしん》していた神奈川県は、環境部の進める各種の調査も背景となり、知事、副知事、環境部トップの皆さんの動きが刻々と聞こえてくる状況となりました。H課長さんには、保全をめぐる県議会議長との意見交換への同席を要請され、張り詰める面談の場で必要な情報を提供させていただきました。神奈川県の環境部トップのFさんからは、「保全に関して万が一にも国に先行され、県が出遅れるようなことがあっては困るというのが、現在の長洲《ながす》一二《かずじ》神奈川県知事の判断だ」と切迫した状況報告をいただいたこともありました。

１９９４年末には小網代保全はすでに当然の選択となりつつありました。国なのか、県なのか、行政がいつどんな形でそれを表明するか、それだけが懸案という状況になっていったのでした。

保全表明まであと一歩となった１９９４年、そんな状況にあわせるべく、小網代の保全活動をつづけてきた私たちは、３つの大仕事を果たしました。

ポラーノ村を解散し守る会に活動を引き継ぐ

第一は、開発計画の代案として小網代保全を提示し、１９８７年小網代保全の基本ビジョンを公表し、全国運動として初期の活動を支え続けた「ポラーノ村を考える会」が基本ビジョンのとりまとめとその全国広報を進めるという使命を終え、活動の主体を「小網代の森を守る会」に引き継いだことでした。

１９９４年５月22日。快晴の小網代の谷で、多くの人たちが参加する春祭りが開かれました。小網代の自然保全運動の象徴でもあった「小網代の谷の地形模型」が、「ポラーノ村を考える会」の代表の藤田祐幸さんから、守る会代表の山本紀子《やまもとのりこ》さんに無事引き継がれたのでした。この模型は、小網代保全活動の合意形式の象徴的なツールとして、いまも私たちの事務所に飾ってあります。

神奈川県の長洲一二知事が地元の三浦市出身の県議の質問に答え、「さまざまな手法を駆使して、小網代の森は保全してゆきたい」と議会答弁したと伝えられたのは、その翌月94年6月のことでした。

知事の議会答弁があった以上、私たちに必要な次の対応は、保全のための制度の検討、予算の確保は行政におまかせし、小網代の谷領域の具体的な保全・活用の方式について、専門的、現実的な提案、大げさに言えば、保全活用に関わる、地域の特性に即した基本的な構想を、文書として提案することと、私たちは考えました。

地域の計画や活用に関する専門的な分析や提案は、「小網代を支援するナチュラリスト有志」としての私と仲間たちの仕事でした。私たちは、87年の基本ビジョン、91年の環境影響評価のような生態系分析を前提にして、保全されてゆく可能性のある地域の詳細な特性の提示とともに具体的な活用の方向をさらに明確に提案することにしたのです。

小網代を自然教育圏に！

「小網代自然教育圏／構想　教育リゾートの視点をサポートとした小網代集水域の総合的な

保全を提案します」と、タイトルをつけた提案を私たちは、94年7月22日、神奈川県知事に届けました。

起草したのは私ですが、ポラーノ村の解散に伴う新体制も意識して、この要望は「小網代の森を守る会」と「小網代を支援するナチュラリスト有志」の協同提案としました。

この提案では、保全可能な地域に限定して地域を明確に区分し、その保全、活用に言及し、次の様に極めて具体的なものに絞りこみました。

提案内容の要点をここに掲載しておきます。

①三つの重要地域

保全対象の重要地域を中央の谷（87年ビジョンにおけるBゾーン）北の谷（ガンダ：87年ビジョンにおけるCゾーンの南端・Bゾーンの北に隣接する部分）南の谷（87年ビジョンにおけるAゾーン）の3地区にわけ、それぞれの保全・活用構想を提案しました。

②「中央の谷」

当地は全面保全とし、支流の流域群はいずれも厳正保全としますが、一般訪問者は浦の川に沿って敷設される木道とテラスをたどって小網代の自然を学び、楽しむことができるようにしたい。

③「北の谷」（ガンダの谷）

当地は、後日、市街化の予定される駅方面とのバッファー地域として水系を尊重したマイルドな開発とするのが適切。

④「南の谷」

当地は、漁港方面の街と小網代中央の谷をつなぐバッファー地域として、適度の開発を進める場となると思われますが、直下に大規模なアマモ地帯があることから、水系の厳正な保全を重視しつつ、宿泊も可能な教育リゾートの基地としてゆくのが望ましい。

⑤ビジターセンターの必要性

小網代保全にあたっては、レンジャー、ボランティアも常駐できるような、ビジターセンターの工夫も必要。

⑥小網代保全検討会議の提案

小網代の自然の現在ならびに未来の保全、活用、管理等に関する意見・情報交換を進めるために、神奈川県環境部、三浦市、みどりのまち・かながわ県民会議、などが中心となり、地元市民、研究者、ナチュラリスト有志、小網代の森を守る会の参加もえて、適切な時期に、小網代保全検討会議を設置してほしい。

神奈川県知事に提出した以上の提案は、行政による小網代の自然保全の方針策定にあたって大きな貢献をすることができたのではないかと考えています。

小網代の自然保全とその活用に関する具体的な提案を提示した私たちは、さらにこれに対応する資料として、小網代の自然を詳しく解説したカラー冊子をつくることにしました。担当したのは、前年、「神奈川県・生活クラブ生協」の若手支援基金を獲得していた当時の小網代の若手スタッフたちでした。

1994年7月24日に完成した冊子『関東最後の集水域サンクチュアリ　三浦半島・小網代を歩く　夏の自然散策ガイド』は、小網代の素晴らしい自然の写真をたくさん使い、詳細な地図と四季折々の自然の解説文をつけて、当時は一般市民も移動が可能だった三浦市道に沿った小網代の自然の散策を案内する、最初の「小網代自然ガイド」となりました。「守るためには、まず知ろう」と新聞にも大きく紹介されたその冊子の内容は、保全を期待する谷の基本配置や、呼称を含め、前述の「小網代自然教育圏／構想」と、ぴったりすりあわせてあったのです。

編集を担当した若手スタッフの中心メンバーは、いまもNPO小網代野外活動調整会議の中心メンバーである簗瀬《やなせ》公成《きみなり》さん、林学を専門とする副代表の矢部《やべ》和弘《かずひろ》さん。そして編集の取りまとめ役の綱島博一《つなしまひろいち》さん。網島博一は小網代野外活動調整会議副代表として、いま本書を私と共著でまとめている、柳瀬博一さんの当時のペンネームでした。

小網代の保全確定にむけて、できることは、ひとまず果たし切った1994年。大きな期待を胸に、私たちは新年をむかえることになりました。

ついに保全が表明される

それから半年後の1995年3月28日。長洲一二神奈川県知事が小網代の森・中央の谷のほぼ全域の保全方針を表明したとの報道が、神奈川新聞の紙面を飾りました。

予期していた表明とはいえ、すでに10年を超える保全活動を進めてきた私たちにとって、何ものにも代えがたい朗報でした。

とはいえ、この時点で県知事から示されたのは、あくまで「方針」です。具体的な制度や予算の決定というのでは、まだまったくありません。保全制度をどうするのか、土地の確保をどうするのか、方針決定後、保全確定までの小網代の自然を誰がどう管理するのか、その行方はこの時点で、私にも見当がついていなかったのです。

しかし、「小網代の森保全」の方針がいったん決まると、行政の仕事はかくも素早いものかと圧倒される日々となりました。

もっとも象徴的だったのは1995年5月に、神奈川県による「小網代の森保全対策検討会」が開設され、5回の委員会を経たのち、同年11月には「小網代の森の保全・活用構想」として報告が提出されたことでした。

この委員会の委員となったのは、行政職員、学識者、保全運動関連の教員など10名。「ポラーノ村を考える会」以来の小網代の保全運動を担ってきた仲間からは、私と若手代表として簗瀬公成さんが選任されました。

会議では、すでに県によってとりまとめられていた資料と、小網代保全に関して私たちのグループが提供した資料とが、豊富に用意されていました。それらの資料では、森〈集水域〉・干潟・海が連接し、すばらしい生物多様性を支える小網代地域の生態系の重要さ、保全エリアの基本配置、木道、テラス、ビジターセンターなどの施設の配置に関するビジョン、関連する道路計画、南に隣接する谷〈南の谷〉における開発と保全の調和に関する配慮など多面にわたる項目が、神奈川県の委員会の結論として、しかも私たちのビジョンにしっかり沿った形で、整理されていたのです。

この段階ではまだ、どんな制度を利用し、どのような予算、どのような組織で小網代の自然の保全を進めていくのか、神奈川県の中でもおそらくまったく固まってはいなかったはずです。それでもこの検討会の報告が、その後の小網代保全への行政の歩みの、大枠を決めるものとなっていったのでした。

検討会での議論では、実は、私たちが関与するもう一つの広域保全ビジョンも話題となり、報告に組み込まれてゆきました。

それは、１９８７年に私が著した『いのちあつまれ小網代』で、〈多摩丘陵から三浦台地にいたる首都圏みどりの回廊〉と表現されていた提案、当時私が「多摩三浦丘陵群」と呼び始めていたグリーンベルトのビジョンでした。

「多摩三浦丘陵群」は、多摩川と境川に挟まれて関東山地から三浦半島に延びる多摩丘陵と三浦半島が一体となった延長70㎞の丘陵ベルトに、1987年秋、私がつけた呼称です。面積700㎢、人口700万人規模この丘陵ベルトは、首都圏の将来において、必ずや防災、自然保護、緑農産業の拠点ベルトになるはずと考えた私は、1958年に提案され即時に頓《とん》挫《ざ》した第一次首都圏グリーンベルトにちなんで、この丘陵地を首都圏第二次グリーンベルトに指定しようと提案し、小網代の保全活動と並行して〈多摩三浦丘陵群首都圏グリーンベルト構想〉をアピールする活動も進めていたのでした。

そんなおり、「小網代の森保全対策検討会」がスタートした直後95年6月28日の朝のこと、ねぼけまなこで首都圏の衛星写真を見ていた私は、多摩三浦丘陵の外形が〈いるか〉の形をしていると気がついてしまい、その日のうちから、「首都圏グリーンベルト・多摩三浦丘陵はいるか丘陵」と、言い出しました。

「多摩三浦丘陵群はいるかの形」という話は、その後神奈川新聞の見開き報道で取り上げられるようになるなど、一部でかなりの評判になってゆきます。「小網代の森保全対策検討会」でもそれが大きな話題になり、地域を超えた発想で小網代をブランド化し保全を進めるために、「多摩丘陵から三浦半島までを、いるかに見立てることにより、「多摩三浦グリーンベル

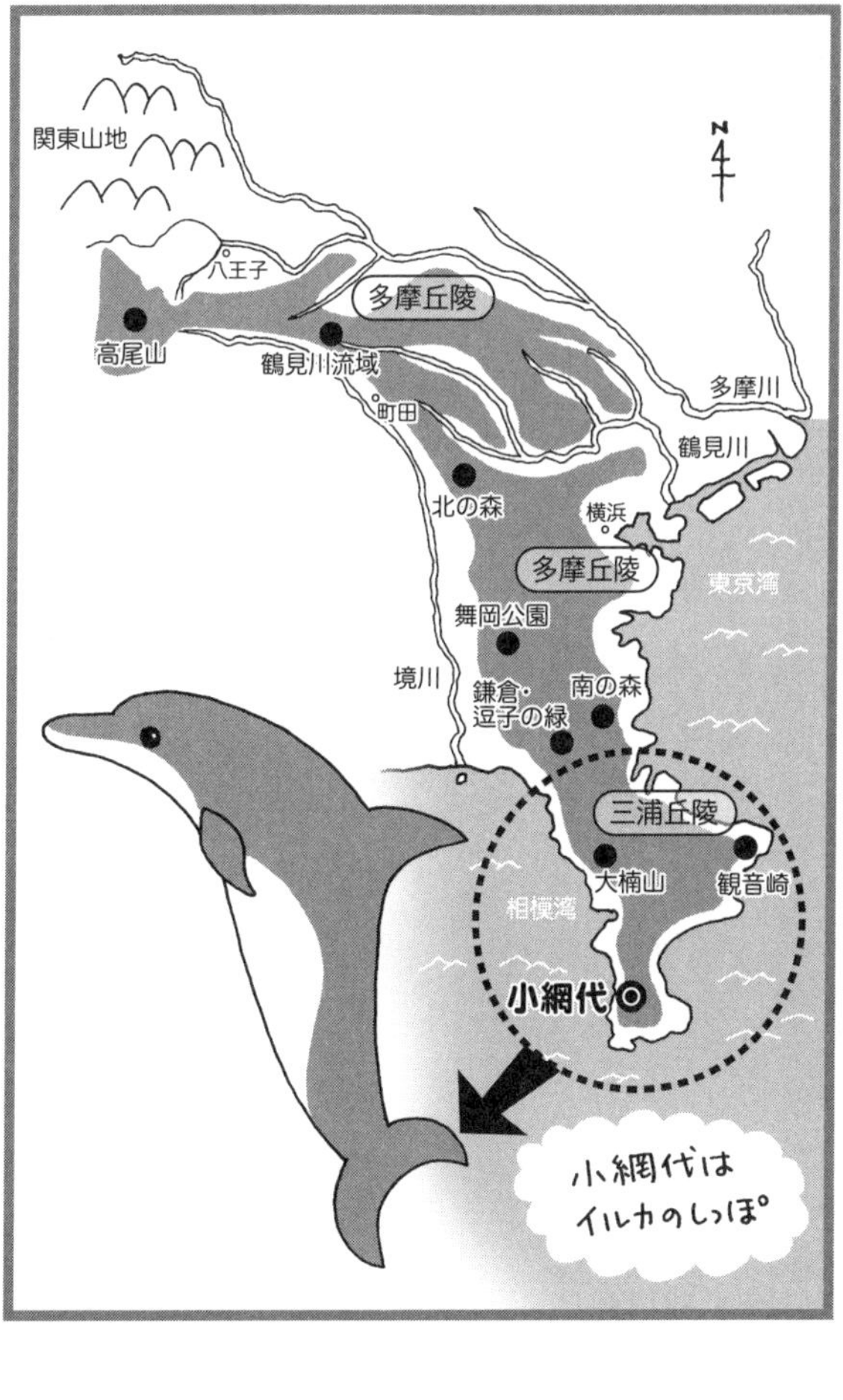
関東山地
八王子
多摩丘陵
高尾山
鶴見川流域
町田
多摩川
鶴見川
北の森
横浜
多摩丘陵
東京湾
舞岡公園
境川
鎌倉・
逗子の緑
南の森
三浦丘陵
大楠山
観音崎
相模湾
小網代
小網代は
イルカのしっぽ

ト」を展開し、小網代の森をその核として位置づけるなど、地域はもとより首都圏、全国的な財産としての価値を有する小網代の森の優れた自然環境をアピールする手法の検討が必要である」との記述が報告書に盛り込まれることになったのでした。

ところが県の動きが明確になったのもつかのま、95年から5年ほどの間、小網代の保全運動は予想もしない混乱と忍耐の時代にはいってしまったのです。ゴルフ場開発はストップし、小網代の自然が保全されるのは確実となりながら、どんな制度を利用し、神奈川県のどの部局が保全を担当してゆくのか、なかなか明確にならなかったからです。

このころ、三浦半島の自然保護団体の中には、たとえ都市の自然であっても、小網代は尾瀬のように厳正保全されるべきであり、市民活動の立ち入りもまかりならないという意見がありました。

農業的な土地利用の終焉《しゅうえん》にともない、遷移・変遷してゆく小網代の流域において、生物多様性の十全の回復を進めていくためには、今後さまざまな手入れが必要であり、同時にそこは、たくさんの市民が訪問して支える地域であるべきと考える私たちの立場とは、大きく異なる意見でした。

他方には、保全地域の一部は都市公園とされるべきであり、管理には市民団体を排除した行政関連組織が当たるべきという強い意見もありました。この意見に沿って、一部の議員も動き出し、連携する法人から、市民活動は追い出すと、脅迫まがいの圧力も始まりました。

幸いだったのは、神奈川県と連動し、県内の自然保護を推進する「かながわトラストみどり財団」が、農業放棄された小網代の谷の保全には全面的な手入れが必要であり、保全の将来についても一般訪問者の大きな支援が必要という意見で、私たちとビジョン・方針を共有してくださったことでした。その事務局長には、あの、H課長さんが就任していたのです。私たちは、数年にわたる忍耐我慢の時代を、かながわトラストみどり財団とともに耐えしのいだと思っています。


実はその緊張の時代のもっとも大きな産物が、「小網代野外活動調整会議」という組織でした。

2001年以後、現在にいたるまで小網代では、小網代野外活動調整会議（2005年からNPOに）が、神奈川県、三浦市、かながわトラストみどり財団（2012年から公財に）と連携して、保全、管理、調査、訪問団体の基本調整などを担当しているのですが、その原型が創設されたのが、緊張の時代のまっただなか、1998年のことだったのです。

きっかけは、保全をめぐるさまざまな思惑、保全方針の対立、政治までからんだイニシアチブ争いなどでした。小網代を訪問する団体にトラブルが生じ始め、また、それらの活動に対応する報道活動の混乱なども顕著になって、小網代保全に関与する諸団体の間で最低限のルール作りが不可避になってきたことでした。

「小網代の森を守る会」のスタッフとして私たちが、まずルールの原案をまとめ、みどり財団と整理し、行政の基本了解も得て賛同団体をつのり、応じてくださった団体の連携組織として「小網代野外活動調整会議」が編成されました。

参加したのは、三浦半島で活動するいくつかの団体にくわえ、多摩三浦丘陵のひろがりで連携する鶴見川流域のナチュラリストたちなどを含む〈いるか丘陵ネットワーク〉の諸団体でした。事務局は「小網代の森を守る会」が担当し、当初の代表は、同会若手スタッフの簗《やな》瀬《せ》公成《きみなり》さんが引き受けました。

創設後は、それまで「小網代の森を守る会」が単独で担当していたカニパトも、小網代野外活動調整会議の連携事業になっていきました。

今でも時折、小網代の活動を行うNPO「小網代野外活動調整会議」について、「なぜそんな長くて複雑な名前なのですか?」と質問されることがあります。理由は、まさにさまざまな団体の活動を「調整」して、行政による小網代保全の努力を攪乱《かくらん》せず、応援できるよう、小網代の野外活動を調整しよう、というところから始まった組織だったからです。

保全の方向性が決まるまで

それからは「忍耐の時代」でした。この時の調整会議を支え、独自の仕事も推進する守る会を軸とする私たちの大課題は、三つありました。

第1に、小網代の自然保全にかかわる私たちの主張に、さらにしっかりした権威をつけてゆくため、自然や環境の詳細な調査を行い、データの整理を進めること。

第2に、この時点ではほとんどが私有地のままの小網代の谷でトラブルや事故がないよう可能な限りの安全対応をすること。

第3に、小網代の自然保全がいかに重要であるか、より広い視野で知らせることで、さらに有効な応援を確保していくこと、でした。

第1の「調査・整理」の分野では、水生生物の調査を中心とした生物多様性の把握が進みました。それまでさまざまなナチュラリストたちがまとめた小網代の生物リストを整理し、1994年にはいったんに論文として発表していました。このリストにさらに新しい調査結果を補充し、2000種規模のリストを作る作業を行いました。

前述の「いるか丘陵＝多摩三浦丘陵」のナチュラリストたちの応援を受けて、2000年に実施したアカテガニの放仔《ほうし》時間に関する研究の成果は、2001年「小網代におけるアカテガニ放仔活動の時間特性について」という論文の形で公刊されています。

私たちは、アカテガニがどのようなタイミングで放仔を行うか、半年かけて野外調査を行い、数理的な分析を加えて明らかにしました。その結果、小網代湾奥のアカテガニの雌は、日没後25分をピークとする放仔のパターンを示すことがわかり、どのタイミングで観察をすればアカテガニへの攪乱が少なく、観察者にも無理がないのか、きわめて具体的で正確な観察マニュアルを作ることができました。以後今日にいたるまで、小網代のカニパトは、しっかりした科学的な根拠にささえられるガイド事業となっています。

第2の「安全対応」については、一般訪問者が通行可能な通路について、事故のないようパトロールを定期的に行い、倒木や落石の処理などをする活動を続けました。

第3の「小網代保全の広域的な位置づけの強化」については、先ほどの「いるか丘陵」活動の展開が大きなポイントになったと思います。

1995年、多摩三浦丘陵群はいるかの形、と私が「発見」したことは、すでに記した通りですが、その「発見」を面白がってくださった「日本野鳥の会」の浜口哲一《はまぐち》さんのご紹介で、山登りや自然関連の分野に強い出版社「山と溪谷社」から声がかかり、1997年、『いるか丘陵の自然観察ガイド』（編著：岸由二）という書籍を発行することができました。私たちはその本の中で、小網代の自然を首都圏の広域的な自然拠点としてしっかり紹介し、位置づけることができたのです。

本書の出版の直後、出版社の紹介で、京浜急行電鉄社長秘書室から「京浜急行電鉄として、いるか丘陵の自然講座を企画するので、協力してほしい」とお声がかかったのは、その工夫のたまものと思っています。残念ながらその提案は、社内調整がまだうまくゆかないとのことで実現にはいたらなかったのですが、「岸先生たちの運動と京浜急行の関連事業は連携可能」と、京浜急行電鉄中枢から直にお話を聞くことができたのは本当に嬉《うれ》しいことでした。

そんな右往左往の忍耐我慢の時代において、最大の光は、1997年、神奈川県のまとめた県基本計画に「小網代保全」の方針が明確に記載され、位置付けられたことでした。

さまざまな混乱はあれど、小網代の自然保全の方針は不動である。神奈川県の文書にそう明示されたことが小網代の自然保全の確定を一刻も早くと願っている私たちにとって、最大の心の支えとなったのです。

いよいよ県との協働整備に

保全の方針は決まったものの、保全確定への具体的な道筋が見えない。そんな「忍耐の時代」に光がさしたのは2001年秋のことだったと思います。

神奈川県の県民協働事業を推進する部所から、「小網代野外活動調整会議」にあてて、小網代の森の一般通路ならびに一部公有地化の実現した地域における環境の整備と回復の作業を、神奈川県環境農政部緑政課（当時）と協働で進めないか、資金は一部自己負担だが残りは県が提供する、という提示があったのです。

事業の期間は、2001年度を初年度として、2005年度までの5年間。県負担の事業費は5年間で1000万円ほど。その3割ほどに相当する額を自己資金として追加準備することが条件との提案でした。資金の確保は大変でしたが、私たちはこの提案をうけ、2002年初頭を第一年度（2001年度）として、2005年度末まで、待望の環境再生作業を開始することになりました。

都市計画などの用語でいえば、小網代保全を志す私たちは、1987年に基本ビジョン、1991年に基本構想のようなものを提示することができ、2002年にいたっていよいよ現場の事業に参与するチャンスをあたえられたということなのです。まだ行政にも明示的な基本計画のない時に、小網代の自然の現場で、公式にそのお世話ができるチャンスが到来したのです。

対象となった事業は2つでした。ひとつは、小網代の森地域全域での自然にかかわるパトロール活動。もうひとつは小網代の谷の下手で、先行して公有地化の進んだ拠点におけるアカテガニ・ビオトープの整備回復活動でした。

ビオトープ整備の拠点地は小網代の森の下手、北の端にある1ha規模の小さな谷の海辺の平地です。

そこは、もともと旧・大蔵省の所有地だったものを神奈川県が先行して県有地とした、通称「大蔵緑地」と呼ばれる0.1ha規模の空き地でした。

厳密にいうと、この場所は、干潟が出ている引き潮の時間は小網代・浦の川の水系の一部なのですが、上げ潮の時間は、浦の川とは別の河口をもつ水系なので、浦の川とは独立の生態系として、回復作業や管理作業、活用が可能な小流域の河口低地でした。地先の幅40mほどの砂浜は、すでにアカテガニの放仔の定期的な観察場所、夏のカニパトの定例会場として利用されていたのです。

そこで、まずはこの大蔵緑地に、アカテガニがさらににぎやかに暮らすことのできるビオトープを創出する。それが当面の整備のポイントとなりました。整備されたあと、大蔵緑地は、通称「アカテガニ広場」と呼ばれるようになります。

大蔵緑地は、2001年時点では、一面を5~6mの高さのササがびっしりと覆い、しかもかなりの部分が立ち枯れて足を踏み入れることもできない状況でした。

私たちはまずササを徹底的に伐採し、更地の広場を作りました。次に低地に散乱するかつての住居あとの土台石をひとまとめにしてマウンドを築き、陸に暮らすアカテガニのアパートとしました。さらに小型の重機を入れて地面を掘ってもらい、アカテガニが脱皮のときに必要な小さな池を造成し、降雨時には上流部の谷から流れ落ちてくる水を溜《た》められるようにしました。そしてこの池と数十m先の海岸をつなぐ小さな水路も整備しました。

かくして小網代野外活動調整会議と神奈川県との、小網代保全のための初めての公的な協働作業がはじまりました。作業のための用具を収納する倉庫も設置されたので、大蔵緑地以外の浦の川流域の散策路の安全整備や、小規模で実行可能な自然の調査・回復なども協働事業のメニューとなってゆきました。契約の5年間で、作業は予定通り順調に進み、見事なアカテガニ・ビオトープができあがりました。

その協働事業の最終年、2005年の事業決定にあたり、事業選定委員会から、「事業継続の条件として、「小網代野外活動調整会議」は今年度中に、NPO法人となるよう」要請がありました。

すでに鶴見川流域や鶴見川源流などで三つのNPO法人を立ち上げて代表理事になっていた私は、要請どおり対応して、正会員をつのり、一緒に働いてくれる理事候補を選任し、同年6月、「特定非営利活動法人小網代野外活動調整会議（NPO小網代野外活動調整会議）」を改めて設立し、その代表理事に就任して、今日にいたっているのです。

国土交通省の国土審議会が小網代の森70haを近郊緑地保全区域に指定したという待望の知らせが届いたのはその直後、同年秋9月のことでした。

NPOとしての調整会議の仕事とは

2005年、改めてNPO法人となった「小網代野外活動調整会議」は、諸団体の連携する任意団体ではなく、理事会のもとで法的に管理されるべき独立したひとつの法人組織になりました。

それまでの任意団体時代をささえた諸団体は、「小網代野外活動連携ネット」という新組織に参加する方式に切り替わり、ＮＰＯ法人である「小網代野外活動調整会議」（以下ＮＰＯ調整会議）との連携を進めることになったのです（名前が似ていてまぎらわしいですね）。

任意団体からＮＰＯになったからといって調整会議の日常の仕事が大きく変わったわけではありません。法人化以後の２００５年度協働事業は、それ以前と同じ枠組み、同じ方式での作業となりました。翌２００６年からの仕事も、神奈川県と覚書《おぼえがき》を交換して、協働事業の内容をほぼそのまま引き継ぐ内容で進めることになりました。

ただし、ここで、懸案となったのは活動資金の問題です。神奈川県と協働事業を行っていた時期、調整会議の年間活動予算は３００万円規模でした。そのうち２００万円ほどが県からの資金、残りが自己資金という構成です。

しかしＮＰＯ法人として独立し、さらに神奈川県との協働事業が終了すると、仕事量は変わらず県からの分担金はなくなってしまいました。予定していた神奈川県やかながわトラストみどり財団からの受託事業もまとまらず、私たちは途方に暮れてしまったのです。

資金に関する危機を救ってくれたのは、各種の助成金でした。

私たちは、２００６年以降、勇気を出してさまざまな助成金を申請しました。すると次々に支援を表明してくださったのです。

以後私たちの活動は、全労災環境活動助成金、富士フィルム・グリーンファンド、トヨタ環境活動助成プログラム、三井物産環境基金、日本財団　海と川のボランティア助成、地球環境基金など、多くの資金にささえられることになったのです。小網代における私たちの保全活動は、実は全国規模で助成をおこなう諸団体から、しっかり注目され、評価されるようになっていたのでした。

さらなる支援の手がさしのべられたのは2007年。その年から私たちの活動は、小網代の保全事業の一部を神奈川県と共に担当するかながわトラストから提供される、「緑地保全支援事業交付金」を最大の頼りとするようになり、現在に至っています。

この交付金の実施にあたっては、トラスト会員制度の抜本的な改定が絡んでいました。従来、かながわトラストの会員制度は、大人1人年間2000円の会費を基準とする個人会員、あるいは1家族年間3000円の会費の家族会員を基本としていました。しかし、トラストによる保全活動の現場支援の成果を、追加の支援会費の形で会員に評価してもらい、その追加収入をさらに現場の保全活動の向上につなげる相互成長型の新しい制度が、2007年度から実施されるようになりました。

この制度では、大人1人年間2000円の普通会員、年間3000円の家族会員と並んで、かながわトラストみどり財団の緑地保全を応援して3000円の追加寄付を支払う個人、家族会員、ならびに対応する法人会員が新たに支援会員と定められました。そして、それぞれ支援先を会員が選べる方式になりました。支援可能なトラスト緑地活動（現在3地域が指定されています）のひとつに「NPO小網代野外活動調整会議」が指定されたのはいうまでもありません。

この方式の実現によって、トラストから交付金を提供された調整会議が、小網代の森でしっかり調整活動を進め、安全、生物多様性の回復と保全、景観地としての魅力を促進する自然管理事業などを進める。その結果、訪問者や企業などから高い評価を得ることができれば、その評価が小網代支援会員の拡大につながってゆき、それが巡ってトラストから調整会議への交付金がさらに増額され、調整会議による小網代の管理活動の規模・質のさらなる向上につながる——。

そんな未来の希望に向かって共に成長してゆくことのできる好循環の仕組みが動き出しているのです。

現在、NPOの予算確保は、なお多大な苦労の中にあります。けれどもよい仕事を果たし、小網代の自然の安全と品質（生物多様性の質）と魅力を向上させてゆけば、（公財）かながわトラストみどり財団との二人三脚を踏まえ、調整会議は自己破綻することなく、小網代の自然のお世話を継続的に向上させながら、持続できる。そう考えています。

「近郊緑地保全区域」から「特別保全地区」へ

小網代の自然保全が確定したのは2005年のことでした。

この小網代保全を決めたのはだれでしょう？　小網代を訪問する市民のみなさんやメディアの人たちに質問すると「三浦市？」「神奈川県？」「環境省？」といった答えが返ってきます。どれも正解ではありません。

正解は国土交通省でした。

小網代の自然は、2005年の国土審議会において、国土交通省の所管する首都圏近郊緑地保全法による「近郊緑地保全区域」として保全が決まったのでした。もちろん、神奈川県と三浦市の多大な行政努力が前提なのですが、保全の正式な枠組みそのものは、国土交通省が設定したのです。

近郊緑地保全区域の枠が採用された経緯については、私は詳細を知る位置にいませんが、背景については、概要を承知しています。ざっと説明しましょう。

２０００年代にはいり、国土交通省周辺では、国土交通大臣（扇千景《おうぎちかげ》大臣のころです）直属の環境にかかわる懇談会などの論議もうけ、流域圏という概念を活用した都市再生の研究（「自然共生型流域圏都市再生」プロジェクト）や、首都圏において保全されるべき緑地を広域的に抽出する大規模なプロジェクト（「大都市圏における都市環境インフラの再生」プロジェクト）がスタートしたのです。当時、扇大臣の懇談会をふくめ、国土交通省や県の関連の委員会に学識者として参加する機会のあった私は、直接的にも、間接的にもその動向に関与する位置にありました。

小網代保全に関連して特に重要だったのは、２００１年（平成13年）12月４日、国の都市再生本部が掲げた「大都市圏における都市環境インフラの再生」プロジェクトでした。

このプロジェクトでは、「豊かでうるおいのある質の高い都市生活を実現するため、大都市圏の既成市街地において自然環境を保全・創出・再生することにより水と緑のネットワークを構築し、生態系の回復、ヒートアイランド現象の緩和、自然とのふれあいの場の拡大等を図る」という方針に沿って、首都圏の自然環境の総点検が実施され、都心からおおむね50㎞の範囲で、「保全すべき自然環境」の抽出が進みました。

実はこの検討において多摩三浦丘陵（いるか丘陵）全域が注目の候補とされ、多摩丘陵地域、三浦半島地域のそれぞれにおいて、地元自治体による検討もスタートすることになりました。小網代が「近郊緑地保全区域対象地域」適用の有力候補となったのは、この時期のことです。

さらにこれと並行して神奈川県は、三浦半島の大楠山《おおぐすやま》地域に国営公園を誘導する従来の努力もふまえ、三浦半島公園圏構想検討のための委員会（2000〜2005年）を設置し、多摩三浦丘陵に関するさまざまな出版を進めていた私が委員長に選任されました。

小網代を近郊緑地保全区域に指定する国の動きが、その委員会で紹介されたのは、たぶん2004年のことだったと思います。

地元の動きだけではなかなか見えない展開でした。国土交通省による小網代保全決定は、大都市圏、首都圏全体を視野にいれた国、都県市による広域的な緑地保全の検討と絡んでおり、多摩三浦丘陵に関する集中的な検討のなかで進められた事業でもあったのです。

小網代という奇跡の自然の意義を地域限定で考えるのではなく、多摩三浦丘陵全域の枠組み、首都圏の枠組みのなかに位置付けようという1987年のポラーノ村以来の小網代ビジョンが、ここでも見事に成果をあげたということかもしれません。

2005年9月21日、国土交通省国土保全局大都市圏計画課から、「近郊緑地保全区域の

新規指定（神奈川県三浦市小網代地区）について」という文書が公表されました。これをうけ、翌日の官報に小網代保全が告知され、小網代の森、70 haの保全が確定しました。近郊緑地保全区域指定は32年ぶり。小網代保全にかける神奈川県の、なみなみならぬ決意が反映された大成果だったと思われます。

小網代保全を通告したこの文書には、小網代区域の特徴としてこう記してあります。

「小網代区域は、首都圏近郊にある重要な大規模緑地であり、地域住民等の環境保全活動を背景として、秩序ある自然観察等が行われている場所となっています。また、関東地方では唯一、水系を軸に森林、湿地、干潟及び海が自然状態でまとまった完結した集水域であり、オオタカやサラサヤンマ（トンボ）などの希少種を含む貴重な生態系が形成されています。また、アカテガニの生態を観察することのできる場所としても広く知られています」。

ポラーノ村の「小網代の森の未来への提案」、『いのちあつまれ小網代』に続く、小網代保全グループによるさまざまな検討、提案。さらに、多摩三浦丘陵群（いるか丘陵）の南の拠点としての小網代紹介など、すべてがエッセンスとして国の保全指定に活かされ反映されていたのだと思います。

２００５年、近郊緑地保全区域指定をうけた小網代の森は面積70 ha。しかし、この広大な緑地の自然を本格的に回復してゆくには、まだもう一つのステップが必要でした。近郊緑地保全区域指定を受けたとはいえ、その小網代は当時まだほとんどが私有地でした。しかも、都市計画上は自由に宅地を造成できる市街化区域となっていました。ここを厳正に保全し、自然回復作業を可能とするためには、もう一段の制度的な仕掛けが必要だったのです。

それは、小網代を、市街化区域から、市街化調整区域に転換（逆線引き）し、同時に、「小網代近郊緑地特別保全地区」に格上げしてゆくことでした。

本当にややこしいのですが、その仕事は国ではなく、地元で都市計画を進める神奈川県と三浦市の仕事になりました。これが成就されたのは、2011年10月18日。この日、小網代近郊緑地保全区域のうち、特に重要な65 haが、「小網代近郊緑地特別保全地区（三浦市）」に指定され、同時にその範囲が市街化区域から市街化調整区域に変更（逆線引き）されたのです。

小網代の谷70 haの当面の保全はこれをもって一応の完結をみたと、私たちは考えています。

小網代を台風や地震が襲った

私が小網代の谷を訪れるようになって32年になります。その間、私は小網代で大小の自然災害や生態系の攪乱に遭遇しました。回復されるべき小網代の自然のこと、今後の回復のためのさまざまな苦労や工夫をしっかり考え、理解してもらうための生態学的な準備として、小網代の流域生態系が経験した多様な攪乱事象について、そしてその様々な生態学的な効果について、少し寄り道させてください。

たとえば、1980年代末、小網代の干潟を南から包んでいる岬の斜面が全面崩落し、緑につつまれた岬がむき出しの崖に変貌したことがありました。

膨大な崩壊土砂が塩水湿地を覆い、干潟は壊滅かとも思われたのですが、さにあらず。大量の土砂を供給されたおかげで崖下にあった塩水湿地の土は厚くなり、アシやアイアシの群落は素晴らしく成長をとげ、生息するアシハラガニたちも激増する事態となりました。

あれから30年を経て、今その湿原の基盤の土は、潮汐による浸食等が原因できわめて薄くなり、塩水湿地の緑も後退しています。因果関係が明快なわけではありませんが、アシハラガニたちも激減する状況となっています。長い自然史のスパンでみれば、いずれまた大きな崩壊が起きて、岬の裾《すそ》の塩水湿地は、その生物多様性とともに肥沃化と衰退を繰り返してゆくのでしょう。

1993年、小網代の中央の谷の上流部の枝沢で、大きな土砂崩壊（深層崩壊と思われます）がありました。膨大な量の土砂が本流の谷に流出し、浦の川に流れ込んだ大量の土砂は河口の干潟にも運ばれました。それまで砂や礫《れき》の目立った河口干潟は、これをきっかけに一気に泥地の多い干潟に代わったのです。その余韻は20年以上たった今でもまだ周囲の谷に、そして干潟に残っています。岬の崩壊と同様、谷におけるそんな崩壊事象も、小網代の川の流れや干潟の、長期の変動につながってゆくのでしょう。

２００９年秋の台風18号では、中央の谷に大規模な洪水が発生し、その余波で浦の川の流路が急変したこともありました。

詳細は後述しますが、乾燥し、一面をササ原に覆われ始めていた中央の谷の真ん中湿地を、一夜にして変貌（回復！）させたのはその大洪水でした。

小網代の3・11

小網代近郊緑地特別保全地区として小網代保全が確定した２０１１年は、春3月11日に、東日本大震災が列島を震撼《しんかん》させた年でもありました。その震災も、小網代の谷の自然に、いまだ大きな影響を残し続けています。

その日、地震発生の午後2時46分丁度、私はスタッフの江良《えら》弘光さんと、小網代浦の川上流の流れにしゃがみこんで、水生生物の調査をしていました。急に地面が大きく揺れ始め、驚いて腰を伸ばすと、谷を囲む左右の斜面の樹木が、逆方向に大きく揺れ、なんともいいようのない、不気味で不思議な光景がみえました。

「海に下りましょう」と言い出す江良さんを制止して、揺れのおさまるのを確認しながら、谷を上り、三崎台地に出ると、周囲の街は全域が停電。野菜販売所の女性から、「東北が津波で壊滅している。これから大きな余震があれば、関東もどうなることかわからない、もう、大根を売ることもできない。あなたたちがこの世の最後のお客かもしれないから、持てるだけ持って行ってほしい」と呼び掛けられました。今思い出すと劇中のようなやりとりなのですが、その時は、本当にこの世の終わりのような、思いつめた会話だったのです。

その後、徒歩、タクシー移動、鉄道に沿った徒歩、またタクシー移動と、さまざまな手段で移動して、途中日が暮れて寒風の中、赤ちゃんを抱えて行き場をなくしていた女性たちにも声掛けし、奇跡的に遭遇できたタクシーに同乗してもらって深夜、停電の闇の中の横浜市港北区綱島の事務所に戻ることができたのでした。

地元の知り合いから小網代の状況が、伝えられたのは、それから数日後のことだったと思います。「小網代はあの日、2m近くの高波が、10分ほどの間隔で湾奥を襲い続け、引き波が真っ黒になるほど土砂をまきこんで干潟を削り続けた」というのです。高波の衝撃はすさまじいものがあり、湾奥の干潟は全面にわたって50㎝ほども削られ、干潟直下に広がっていた広大なアマモ群落は、大量の底土とともに一本残らず洗い流されてしまいました。

続く春、小網代の下手の湿地帯では、毎年登場するサラサヤンマの姿がありませんでした。河口からおそらくは200〜300mほども上流まで高波が遡上したせいで、その区間もサラサヤンマのヤゴが全滅したのではないかと思われました。

初夏から夏にかけて、干潟一面をおおうカニたちのダンスも全滅状態となりました。ハマカンゾウの咲く岸辺の植生帯は、もののみごとにえぐられて消滅。河口の石橋のたもとは土手が大きく決壊して、もはや修復困難な状況になってしまいました。

後日談をいえば、サラサヤンマは以前より増え、干潟のカニたちはその後の5年間でみごとに回復をとげています。以前のにぎわいにはまだほど遠いのですが、十分ににぎやかな干潟の世界が戻りつつあります。

完全に消滅してしまった潮間帯下手のアマモ場は、地元漁協、関連団体と調整会議の連携で、いま、着実な回復作業が進んでいます。あと10年、いや、5年ほどで、大きなアマモの群落を回復してゆくことができそうです。

浸食の進む岸辺の植生地の回復はもはや不可能な状況となりました。かろうじて残るハマカンゾウなど海浜植物の域外保全、移植による保護が始まっています。

石橋のたもとの浸食は、3・11後も勢いを増している波の浸食でさらに崩壊が進み、石橋そのものの改修が放棄されることになりました。

自然は静止していない。農作業をやめて放置しただけでも激変があるのに、10年、100年、あるいは1000年に一度というような自然災害のイベントが、ひとまとまりの流域生態系にどんな変化、変動を引き起こすものか、ここでは詳述しきれないのですが、小網代訪問の歴史は本当に深い教訓を私たちに与えてくれているのです。

開園準備が始まる

本題に戻りましょう。

「小網代近郊緑地特別保全地区（三浦市）」指定と、旧来の市道を含む用地の大半の公有地化を受けて、小網代の谷は、2011年から整備のための立ち入り禁止区域となりました。

一般市民はもちろん、小網代野外活動連携ネットに参加していた市民団体も、谷の自然観察会などを控えることになり、保全活動における独立した諸団体による連携活動は解散の時を迎えました。

自然環境の回復保全、安全な利用のための基本整備の方向を行政が決め、来たるべき開園に向けて、NPOを含む作業者が基礎的な作業となる整備を進める新たな段階に入ったのです。

以後、環境の管理・整備を進める中心組織は、神奈川県、「かながわトラストみどり財団」、「NPO小網代野外活動調整会議」の3者に絞られました。

全体の管理ならびに大規模な散策路の整備や森林整理などは神奈川県が、企業を雇用して担当します。保全緑地という制度のもとにある地域を文書などで管理するのはかながわトラスト。県、かながわトラストと連携して、従来通り日常的な保全管理、ならびにアカテガニ広場、中央の谷の谷底などの基本領域の環境回復の作業を進めるのは調整会議の仕事と、改めて役割が分担、整理されてゆきました。

整備の進め方については、従来のさまざまな検討が生かされるのはもちろんのことですが、県による中・長期的な保全管理計画（保全のための正式な基本計画）を固めてゆくためにも、調整会議が、現場でのさまざまな課題に適切に対応しながら、基本的な整備を進めていくことになりました。

２０１３年からは、神奈川県が関連の学識者、団体、行政の代表からなる「小網代の森保全利活用協議会」を組織。その場で、県、トラスト、調整会議による適宜の報告、提案を協議しつつ管理・回復作業が進められています。

第4章　開園に向けて　2012〜14

大奮闘のNPO

開発、保全をめぐって長期にわたって検討の対象となってきた小網代の谷は、開発に向けて土地のとりまとめの始まった1960年代から、すでに半世紀にわたって、かつて薪炭林《しんたんりん》だった谷の斜面の雑木林も、一面の水田だった谷底も、水田に水を配給していた水系も定例的な管理を受けず、放置された状況が続いていました。

放置され、ある意味では、荒れ果てたままのその小網代の自然を、間近にせまった開園にむけ、超特急で回復してゆく仕事が、調整会議のミッションとなりました。

里山の自然は、農業的な利用から離れ放置されれば、そのままみごとな自然世界に戻ると考えるのは、実は、まったくの誤解、幻想です。

私たちが小網代を訪ね始めた1980年代は、里山的な管理が放棄されて20年ほど。かつて人間の管理した水系がほどよく残り、明るい斜面の雑木林にはさまざまな草花が生え、かつての水田は水の豊かな湿原へと変貌し、さまざまな生きものが息づく、生物多様性の宝庫となっていました。しかしそれは、放置からまだ20年の段階だったから、というのが正解でした。

放置されて40年、50年にも及ぶと、小網代の谷の自然は、どんどん荒れ果てていきました。80年代には下草が豊かだった斜面の明るい雑木林は、一部の木が巨大化し、常緑樹が生い茂り、森は暗くなって下草は生えなくなり、斜面は土砂崩壊を始めました。

80年代には、水が豊かでアシやガマなど水生植物の楽園となっていた水田跡の谷底の湿原は、浦の川が谷底を縦方向に深く侵食して地下水位の低下が顕著になると、急激に乾燥化して、一面のササ原へと変貌しました。初夏にホタルが乱舞し、アユも遡上していた浦の川は、木々やササに川面が覆われて暗黒化し、川底に珪藻《けいそう》が生えなくなった結果、ホタルもアユも激減しました。

このまま小網代の谷を放っておけば、土砂崩壊や巨木の倒壊、さらには野火の恐れも高まり、森を歩くのも危険な場所になってしまいます。斜面林と谷底が暗く乾燥化することで、小網代で暮らせる生きものの種類は激減し、生物多様性も危機を迎えます。何より、危険で暗くて乾燥していて生きものの少ない小網代の谷は、訪れる人にとっても魅力がありません。

開園までの数年間、どう整備すれば、再び小網代の谷は安全な場所となり、生物多様性が回復し、訪れて魅力のある場所となっていくのか。その答えを見つけ、実行することが、私たち調整会議に課せられた大きな課題になってゆきました。

その課題に応えるための私たちの戦略は、「流域思考」に基づいた「水と土砂と日照と植生」の管理でした。

小網代の谷は、大小さまざまな流域地形が組み合わさっています。その植生と水系をコントロールして、谷底の乾燥地を適切な湿原に戻し、ササや樹木の伐採を行って水系に日照を戻し、土砂の崩壊危機のある斜面については緊急かつ可能な範囲で森林の伐採も進める。そんな突貫作業を開始するということですね。

作業の基本方針は明快でしたが行政の意向がなかなか一本化できなかったり、開園予定を2014年とするか2018年以降とするのか方針の固まらない日々が続きました。

しかし、2012年には、浦の川本流の谷1300mに沿って、階段、ボードウォーク、テラスを配置する散策路作成の方針が決まり、2014年夏に開園するとの方針が調整会議に通知されました。

目標は2014年夏。その時までに、一般訪問者が安全、快適に通行し、小網代の谷の自然の素晴らしさを体感できるよう、中央の谷の谷底全域の湿原化、ならびに周辺の水系や危険と思われる斜面の基本整備を進めることが私たちの仕事となりました。

安全のための工夫

開園に向けての最大の懸案は安全の確保でした。

第1の安全確保は、山火事を防ぐことです。小網代の流域の周囲は、大半が住宅地です。山火事は絶対に避けなければいけません。

私が1984年に小網代を訪れて以来、30年の間に小網代の森では、私の知るだけで3回の出火がありました。そのうち2件は意図的な放火。もう1件はおそらく散策者によるタバコの不始末と思われました。

真冬の小網代は、低地や湿原部分が乾燥したササやオギやアシの枯野となります。不注意な散策者が火のついたタバコを捨てれば、いつでも山火事になる恐れがあるのです。

1990年代、アシやオギやササが生えている下流大草原の北側の失火では、あやうく斜面の雑木林に延焼する事態となりましたが、地元漁協のみなさんの全力の消火作業で延焼をまぬがれました。おそらくは小網代の森を訪れた散策者のタバコの不始末が原因です。この当時の小網代は、一般市民がたくさん散策するような場所ではありませんでした。それでもこんな事態が起こるのです。開園され、訪れる人の数が増えれば、野火や山火事の危険はさらに高まるということですね。

山火事の危険へのまとまった対応策は3つ考えられました。

中央の谷の下流部にある大湿原は北側の丘の上に民家が広がっており、山火事は絶対に防がねばなりません。ここでは、斜面のすそ300mにわたり、幅5メートルほどでアシやオギやササの枯野を全伐採する「防火帯」を設け、さらに斜面から流れ落ちる雨水を受けて、エリアの湿原化を急ぐことにしました。これを年数回の頻度で防火帯を刈り払う方針も立て、2014年までに初期整備を終えるべく作業に入り、仕事をすませました。

小網代の源流側の入り口にあたる引橋から、谷の中心を降り、河口にいたる散策路予定地についても、冬季に不注意な散策者のタバコの投げ捨てなどにも対処できるよう、同様に湿原化を急ぐとともに、年数回の規模で刈り払いを進めるなど、初期対応を行いました。

もちろん日々のパトロールも重要な対応策です。さまざまな工夫で、可能な限り、NPOのスタッフが森の巡視に関与できるよう2014年春までに巡視活動が工夫され、現在に至っています。

第2の安全課題は、散策路を利用する訪問者たちを「マムシ」の危険からまもる工夫でした。小網代の谷にはマムシが多数生息しています。谷の乾燥化が進んだ結果、かつてほどの密度ではないのですが、それでも毎年数回は遭遇の報告があります。今後湿原を回復していくと餌《えさ》となるカエル類なども増加し、マムシの数は増えていく可能性は高いといえます。当然、訪問者との遭遇頻度も上がることが予想されます。

小網代の谷を抜ける散策路のうち、湿原を進む箇所については、マムシ対策も考慮してボードウォークが整備されています。それでも夏季はオギやアシが散策路を覆い、マムシが伝ってボードウォークに登ってくるかもしれません。防火の効果も考えて、ここでも、散策路脇のオギやアシを年2回幅1m規模で刈り込むことになり実行されています。

余談ですが、開園をひかえた2014年の春、マムシ、野火対応のための散策路脇の刈込風景が撮影され、権威ある環境関連法人の文書に、環境破壊の事例として報告される悲喜劇もありました。安全対応に対する外部の自然愛好家の無理解は、なお、底なしに深いと感じることもあるのです。

ボードウォークやテラスなど散策路のハードの整備は、神奈川県が工事業者に委託して進めました。調整会議はボードウォークをどこに通すのか、そのコースの設定を提案し、さらにコースにあたる地域のササ原の伐開を行い、散策路の整備をサポートしていきました。2013年末には、中央の谷の湿原をつらぬく頑強なボードウォークと2か所のテラスが整備され、無事開園を迎えることができました。

第3の安全課題はスズメバチへの対応です。自然度の高い緑地はスズメバチの登場を阻止しきれません。基本は、白系の色の、長袖、長ズボン、帽子の着用や、歩行中の甘い飲料の利用自粛など、自主努力をおねがいするほかないのですが、散策路沿いにスズメバチの営巣活動があれば、調整会議のスタッフが必要な対応をすることになっています。しかしどれだけ注意しても、毎年数件のスズメバチによる被害はでてしまいます。開園前後のスズメバチ対応に関わるスタッフたちの緊張は、並大抵ではありませんでした。

超特急で自然回復させるための作戦

小網代の森は面積70ha。これは上から見た投影面積ですから、谷の斜面をふくむ実際の面的な広がりは100haに近い可能性もあります。たとえ基本だけとはいえその全てについて、数年で自然再生の方向をつけるのは不可能に決まっています。

県と私たちの基本方針は、50年近い放置によって一面乾燥したササ藪《やぶ》と化してしまった小網代の谷底部の数haについて、今後の自然回復の中・長期的展望にもつなげることのできる初発的な整備を行うことでした。これがＮＰＯ調整会議の、２０１４年開園を念頭においた最大の仕事になりました。

シダの谷の回復へ

私が小網代を訪問し始めた１９８０年代前半、小網代の谷の源流部は、アスカイノデという名前の巨大シダに覆われていました。

谷底、斜面を覆う高さ１ｍにもおよぶ大きなシダが密生する光景を見て、「ジュラ紀の森だあ」と声を上げる子どもたちがたくさんいたものです。

しかし２０００年代に入ると、そんな源流部の斜面は密生する大きなササに覆われ、谷底は、アオキ、シロダモ、ヤツデ、さらには要注意外来植物に指定されているトキワツユクサに覆われた暗黒世界となり、アスカイノデは消滅寸前に追い込まれてしまいました。

アスカイノデは常緑性なので、落葉樹の森床であれば冬季に十分な光を受けることができるのですが、常緑の灌木《かんぼく》類や密生するササに囲まれてしまっては、冬季の光合成も困難になり、衰退を余儀なくされてしまうのです。この窮状を改善し、開園までに、源流部のシダの群落の風景を回復することが、緊急課題となりました。

冬季に、シダを覆うササや、アオキを、ひたすら除去する作業をしました。斜面全面の回復は到底手がまわらず、源流の流れから数十メートルの川辺の群落を、徹底的に回復する方策がとられ、初期段階の目的を達成しています。

開園後の当地では、専門学校（東京環境工科専門学校）学生のボランティア貢献や、定例のボランティアウォーク参加市民の応援も得て、これら新たに侵入した植物の除去を一気に進め、すでにアスカイノデ回復への見事な成果が上がり始めています。

真ん中湿地の再生へ

中流と下流の谷底地帯については、水系・流域の水循環の管理にかかわる専門的な知識と技術を理解するメンバーが中心となって、県と協議し、水路の流れの変更・管理を軸とした水管理を通して谷底の全面的な湿原化を進めるという方向で、基本的な了解ができました。

これらの谷底は、かつては全域が水田耕作地として、水循環管理も健全に実現されていた場所です。水田造成と水田維持の知恵と、小流域、水路の水土砂管理の知識を組み合わせれば、小網代中央の谷の5haほどの低地を、数年で一気に湿原化できるというのが、私たちの判断でした。

拠点となる地域の公有地化の状況もあり、本格的な湿原再生の作業に入ることができたのは、２００９年10月、谷中央部の通称「真ん中湿地」の上端部でのことした。

この場所は、私が小網代通いを始めた１９８０年代半ば、アシやハンゲショウなどの茂る一面の深い湿原でしたが、湿原を潤していた北の斜面沿いの浦の川本流の流れが、１９９０年代には、標高の低い南の斜面沿いに流路を変え、深く谷を刻んでしまいました。掘り込まれた水路は、谷底の地下水位を支えていた土中の水を抜いて、急激に厳しい乾燥化が進み、２０００年代に入ると、かつての湿原は一面にササ原に姿を変えていったのです。

これを、もとの水田のような大湿地帯に戻すには、４～５ｍもの高さで密生して谷底を覆ったササを全面伐開するとともに、南の低い土地に蛇行した流れを堰《せ》き止め、従来通り北の斜面沿いに流れを変更し、かつて水田だった領域全域に雨の水を広げ、地下水位を上げる必要がありました。

流路変更の作業を実施したのは、２００９年秋。杭《くい》を使用して、しかるべき場所に堰を設置し、あとは大雨が上流から土砂を運んで、堰の周辺に堆積して、流路を90度変更する日を待つばかりとしたのでした。

その作業直後の2009年10月8日、台風18号が日本近海を直撃し、大雨が小網代に降り注いだのです。大量の土砂が上流から流下し、杭を打った場所で予想通り大きな土砂堆積が起こり、なんと1日で流路の復旧が実現してしまったのでした。私たちはこの日を、「2009年10月8日の奇跡」と呼んで、いまもスタッフに語り継いでいるのです。

ササの大伐採と流路の復旧で、真ん中湿地はみごとに湿原回復をとげました。長さ1.2kmの散策路沿いの湿原地帯の中央にあたるこの場所で、開園よりはるかに早く湿原回復が達成できたのは、本当に幸いなことでした。

この場所は、初夏になるとたくさんのホタルが飛び交《か》う地域でもあり、ホタルがたくさん暮らせるよう流れを湿原の維持管理を継続的に行っています。

この事例で、私たちの湿原回復の手法が妥当なことが行政にも理解され、以後、同様の手法による湿原創出、湿原維持管理の工夫が一気に進んでいるのです。

下手の湿地化

2009年秋の「真ん中湿地」の再生に続いて、さらに下手の谷と下流の大規模草地でも、同じやりかたで湿地の回復を行いました。

ササに覆われた3haを超える広大な下流の大草地は、私が小網代を訪れた当初の1980年代、全域がガマとアシに覆われた地下水位の高い湿原でした。それが90年代には乾燥し始めて、アシとオギが中心の湿原となりました。2000年代に入ると、さらに乾燥が進み大規模なササ原となり、さらに進んで、ササと灌木の乾燥草地に変貌していました。

この乾燥地を再び水位の高い湿原に戻すための基本作業として、まずは流入する水路を調整し、大雨の時に意図的に氾濫させて地下水位を上げるための堰を配置しました。

そのうえで場所ごとの細かな水環境の特性も生かしながら、ササ・オギ原をオギ原に変え、可能であればオギ原をアシ原に変え、適地があればアシ原をさらに湿潤化させてガマの湿地に変え、ジャヤナギの林の一部も湿地に変える工夫が、基本となりました。

こうして湿地帯を回復するにあたって、私たちは、場所ごとの水循環の特性などもふまえて三つのタイプの湿地を作りました。

ひとつめは、草原性の湿地（マーシュ）です。アシあるいはオギの明るく広々とした湿地で、アシとオギが混在する場所もあります。現在、小網代の下流で回復の進んでいる湿原の大半は、このマーシュです。

二つめは、泥深い湿地（ボグ）です。マーシュより水が深い泥湿地です。下流部では、やなぎテラスとえのきテラスの中間に典型的なボグがあります。散策路工事の際に重機の操作で池状の窪地ができた場所を、あえて埋め戻さず、ヒメガマの群生する泥湿地に再生しました。ここでは、コナギ、ミズオオバコ、タコノアシなど貴重な水生植物が30年ぶりに大復活し、さまざまな種類のトンボの仲間が数を増やし、さらには地域絶滅も心配されていたニホンアカガエルが産卵を始めるなど、生きものの多様性も回復しつつあります。

三つめは、樹林とともにある湿地（スワンプ）です。湿原に好んで生えるジャヤナギやハンノキの疎林の間を小さな川が流れ、日陰と日なたが点在する場所。アシの他に、セキショウやセリなどが群生し、サラサヤンマなどの繁殖の場所にもなっています。下流大湿地の入り口のやなぎテラスを囲むジャヤナギの群落が、典型的なスワンプですね。

これらの湿地のうち、やなぎテラスを囲む広いジャヤナギのスワンプは、実は、1990年代初頭から、当時地権者であった京浜急行電鉄さんの非公式のご了解も得て、回復作業が進んでいました。乾燥したササ原に小川を誘導し、下流で採取されたジャヤナギの枝を流れの脇に挿し木し、地下水位の上がった窪地《くぼち》に周囲からセキショウを移植する作業を、25年ほども継続したのです。開園の日、えのきテラスを囲むみごとなジャヤナギスワンプは大変な人気だったのですが、そこがかつて乾燥しきったササ原だったこと、その回復に四半世紀の時が必要だったことを知る訪問者は、ほとんどいなかったと思います。

水系の再生

小網代の中央の谷を流れる浦の川の再生も大きな課題でした。ここ数十年で暗黒状況になってしまった川の周囲を明るくし、トンボ、魚類、ホタルなど生きものの多様性を一気に回復する必要があったのです。

1980年代、私が訪れたばかりの小網代の浦の川は、明るい谷底の流量豊かな流れで、上流、中流、下流の全域にわたって、エビやハゼの仲間、ウナギ、モクズガニ、カワニナ、イシマキガイ、さまざまなトンボ類が多産する生物多様性の豊かな世界でした。ゲンジボタルの一大生息地でもあったのです。

しかし人の手が一切入らずに放置され続けた結果、1990年代には、川沿いの斜面の雑木林が巨大化し、流れを囲む湿原はササ原と化し、流路の変更や流れの縦方向の侵食で、通常時の流量も激減して、流れの少ない、しかも暗黒の水路と化してしまいました。2000年代に入ると、浦の川水系では一気に生物多様性の劣化が進んでしまったのです。

水系の生物多様性を回復するため、私たちは湿原再生のための作業と連動させつつ、水系を覆う藪の撤去、樹木の整理を一挙に進め、川面への日射量を増やしていきました。川の生態系にとって川面にあたる日差しは、生態系を駆動する植物生産の源泉です。茂るササや灌木の藪によって川面に差し込むはずの太陽光が遮断されてしまったら、水中の藻類や植物類は光合成ができず、流れの生態系の生物多様性が崩壊するのは当然でした。川底に光が当たることで、泥や石の表面の珪藻類などが成長し、これがカワニナなどの巻貝や多種多様な水生昆虫などの食物となり、川の生態系の食物連鎖が十分に機能するようになるのです。

日照の回復を基本とする水系の自然再生は数年のうちにめざましい成果をあげました。開園の年には、カワニナやイシマキガイが急増し、暗黒化で激減していたゲンジボタルが一晩に数百も目撃できる状況となりました。エビやハゼの仲間の回復もめざましいものがあります。開園の年、明るくなった浦の川の河口には、数百のアユの稚魚も遡上したのです。

残念ながら2016年の現時点では谷全体の保水力回復がまだ十分でなく、平常時の川の水量が足りていないために、遡上したアユが浦の川に止まってそのまま秋まで成長し成熟することはできていません。遡上したアユは夏の間に、カワセミやサギ類などの鳥に捕食されてしまっているようです。アユが暮らせる小川の回復は、これから5年、10年の課題になっていくのでしょう。

「自然保護」について知っておいてほしいこと

2014年を直近の節目として進められた、湿原・水系再生を軸とした小網代の自然の緊急回復作業は、大きな成果をあげて、現在に継続されています。流域思考、水循環管理の方法に基づく私たちの「手入れ」は、生物多様性回復の科学的な見地も重視しつつ、現在そして未来へと、継続されてゆきます。

しかしここで、本当に残念なのは、このような再生作業に対して、大きな誤解や無理解、紋切型の批判が続いている、という事実です。

特に目立つのは「自然保護に理解がある」「自然好き」「生きもののプロ」と自認する、プライドの高い訪問者の中に「小網代の回復作業は自然破壊だ」という誤解と無理解が深く広がっていることです。

たとえば、「自然の再生は、自然をそのまま放置しておくのがよいはずだ。なぜわざわざ木を倒し、草を刈り、木道（ボードウォーク）などを通すのか」、「人工の木道を通すのは、観光目的で小網代の自然の湿原を破壊する間違った整備ではないか」といった意見が寄せられたりします。時には、ササの伐採を行っているスタッフや、水路を整備しているスタッフに向かって、「自然破壊をやめろ」と大声で怒鳴りつける訪問者もいたりするのです。根の深い誤解ですので、対応に必要な事情の詳細をすべてここで説明するのは難しいのですが、大きな誤解だけはといておく必要がありそうです。

そもそも「小網代の整備方法は環境破壊だ」という誤解をする多くの訪問者はだいたいこんな思い込みをもっていらっしゃいます。

①小網代には、手付かずの素晴らしい湿原があったはずだ。
②その湿原にわざわざ大規模な木道・テラスをつくったのは観光客を呼ぶための不必要な自然破壊だ。
③大規模に草を刈ったり、木を切り倒したり、水路を作ったりする小網代の「手入れ」の仕方は、なんであれ自然の破壊だ。
④自然は、「手付かず」が一番。人間が「手入れ」をするのは間違っている。

しかし、以上の意見は、すべて誤解、あるいは無理解といってよいのです。

論より証拠。下流部から河口の大湿地の下手にある、えのきテラス周辺整備の歴史をモデルとして写真も見ていただきながら、「自然はほったらかしが一番」という誤解を解いていきましょう。

まず1960年代の空中写真をみると、この周辺はすべて水田地帯でした。地元の60代以上の方にお話をうかがうと「東京オリンピックくらいまでは、あのあたりはみんな田んぼだったよ」と答えが返ってきます。

私が小網代を訪問し始めた1980年代中頃は、水田耕作が放棄されてすでに20年ほども経ち、水田跡地はアシやガマの茂る大湿原に変わっていました。

1990年代に入ると、この一帯は一気に乾燥が進みました。ガマが姿を消し、アシが姿を消し、やや乾燥に強いオギが優勢となり、さらに乾燥が進んでササが増え一面を覆いました。湿原に多産したクロベンケイガニや秋のシロバナサクラタデの大群落も消失してゆきました。

2000年代に入ると、このエリアは豪雨が降った時水が大量に流れるいくつかの溝を除いて、一面のササ原となり、その上をつる植物が覆い、ノイバラなども侵入して、そもそも人の通行も困難な原野となっていたのです。

開園直前、2011年のえのきテラス周辺の写真（次頁見開き参照）がありますので、見てください。現在えのきテラスのある場所は一面のササ藪。左の藪の上にササ原からかろうじて伸び出している冬枯れの枝が見えます（写真①）。それが、現在、えのきテラスの象徴となっている、大エノキの、当時の姿なのです。

2011年、当地にえのきテラスとボードウォークを設置するための調整会議による基礎作業がはじまりました（写真②）。4～5mの高さで一面を覆うササを、人力ですべて伐採してゆきます。伐開地の先に、ようやく大エノキの姿もみえてきています。同年12月、伐採作業は8割ほど終了し、大エノキの全貌があらわれました。長くササ原に埋まっていた歴史を反映して、根元から数mの高さまで、横枝がないのがわかりますね（写真③）。

伐採作業の終了と並行して、現場では、大雨時に上流から流下する流れを、伐開地全体に氾濫させるための水路工事も行われました。刈りはらったササがそのまま復活しないよう、地下水位をあげる土木作業が続いたのです。

そして2013年、調整会議による基礎作業の終了（写真④）とともに、神奈川県の受託業者による、ボードウォークとテラス設置の基礎作業が始まりました（写真⑤）。開園の年、2014年春には、ササ原跡には見事なオギの芽生え、えのきテラス周辺の広々したオギの湿地ができあがりました（写真⑥）。

①全て高さ3～4mのササ。左奥にエノキの木の先端が見えます。

②ササを全部刈り取ります。

③さらに刈り取ります。

④ようやく全部刈り取りました。中央がエノキです。

⑤ボードウォークの工事と湿地回復作業。

⑥今や湿原の世界。

私たちは、そこにそのままで存在した手付かずの美しい湿原に、あえて木道とテラスを増設して自然を壊したのではありません。乾燥し、野火の危険の広がっていたササ藪を伐開し、そこに尾瀬のような湿原を回復し、回復した湿原を安全に楽しみ、また湿原保全を確かなものとするために、木道と、テラスを設置したのです。県と調整会議の環境回復の作業の歴史をぜひそのままに理解していただけたら幸いです。

これも余談ですが、関連で、小網代の下流の草原に、かつて存在した「トトロのトンネル」と呼ばれる名所の歴史についても、ここで一言ふれておきましょう。

1980年代、小網代の下流湿原を抜ける道は、浦の川沿いにただ1本あるだけでした。この道も、周囲にアシが生え、足元は常に水にひたされた湿地状態でした。しかし90年代になると乾燥が進み、アシの群落はササに代わり、やがてその上をフジのツタが覆うようになり、ササに囲まれた道は上面がドーム状に塞がってトンネルになりました。90年代前半から小網代の湿原整備を始める2010年代にかけて、そんなササのトンネルが数十メートルも続いていたのです。映画『となりのトトロ』で登場人物の女の子がトトロと出会う藪のトンネルのようだということで「トトロのトンネル」と呼ばれるようになり、小網代の名所になっていた道です。とても素敵な空間ではありましたが、一方で「トトロのトンネル」は、小網代の豊かな湿原が、乾燥したササ原に変化してしまった危機の象徴でもあったのです。現在、「トトロのトンネル」はありません。湿地の回復・水系の再生作業にともなうササ原の伐採で姿を消しました。少し寂しいことではあるのですが、そもそも「トトロのトンネル」は小網代の自然の豊かさの象徴だったのではなく、乾燥化と暗黒化による生物多様性崩壊の象徴だったということもぜひ、ご理解していただきたいと思うのです。

第5章　小網代の未来

いよいよ開園

神奈川県、(公財) かながわトラストみどり財団、そしてNPO法人小網代《こあじろ》野外活動調整会議三者の全力の準備が間に合い、2014年7月19日、快晴の小網代大湿地下手のえのきテラスで、神奈川県主催による「小網代の森施設完成式典」が開催されました。

黒岩祐治神奈川県知事、吉田英男三浦市長、原田一之京浜急行電鉄社長とともに、私も式典に参加することができました。

その式典の挨拶で、黒岩知事は、回復したばかりの小網代の谷の湿原を、「尾瀬のようだ」と評価してくださいました。数年間の突貫工事で、湿原と水系の安全、生物多様性回復の基礎作業を担当したNPO法人の代表として、最高の評価をいただくことのできた、感激の時でした。

施設完成というのは、源流から海辺にいたる全長1300mほどの散策路が完成したという意味です。散策路完成を受け、翌20日から一般訪問者の通行が可能となったのでした。

開園後の小網代は、予想を超える数の訪問でにぎわっています。2014年の夏、秋の週末は、天候さえよければ、日1000〜2000人の訪問者。2015年はさらにその勢いが増し、NHKによる自然紹介の映像の流れた5月連休は、好天もあって、日平均5000人を超える訪問者が散策路をたどりました。

訪問者数が増えるにつれ、訪問者の顔ぶれも多彩になりました。かつて、保全が確定する以前の小網代で出会うのは、マニアックな自然愛好家が大半でした。

オープン当初は、山歩きの装備で訪問する自然派が目立ちました。軽登山やハイキングを趣味とする高齢者の方々の団体が多いようです。次に、20代30代の山歩きの女性同士が増えました。

そして、小網代はカジュアルな格好で安心して本格的な自然に触れることのできる場所だ、という噂《うわさ》が広まったのでしょうか、小さな子供たちを連れた家族連れが目立つようになりました。軽装でやってくる若者の集団。男女のカップルも当たり前になりました。ワンピースにヒールの若い女性が小網代の谷を降りてくるのを見るのは、ある意味で感動的でもあります。小網代がそれだけカジュアルな存在になったからです。学校や幼稚園のグループも多くなりました。車椅子の方の訪問も見かけるようになりました。

オープンから2か月ほどたった、２０１４年秋の夕暮れどき、えのきテラスで、85歳のおばあさんと孫娘さんに会いました。「私は、小網代の集落で生まれ育ったけれど、子どものころは、マムシが出るからと親に言われて谷に入ったことがない。いつかは谷に入りたいと思っていたのに、ヤブがあまりに深くて、年寄りはとても歩けない。小網代の谷に入ることは一生できないだろうと諦めていたら、こんな立派な道ができて、生まれて初めて小網代の森に入ることができました。本当にうれしいです」と涙声になりました。おばあさんの話は、小網代の森の足元に、散策路のある小網代保全を喜んでくれる地元市民がいることを教えてくれたのでした。

源流から海まで、自然の流域生態系の景観をまるごと保全し、四季の生きもののにぎわいにあふれる小網代の谷を、ごく普通の人々が訪問し感動の時間を体験してもらう。その中から、かながわトラストの会員になって、小網代の保全活動を資金面から応援してくれる人が増えていく。１９８７年に提出した保全ビジョンのイメージと見事に一致する展開と私は感じています。

２０１４年から２０１５年の小網代訪問者の総数は、非公式ではありますが三浦市の推定

小網代散策マップ

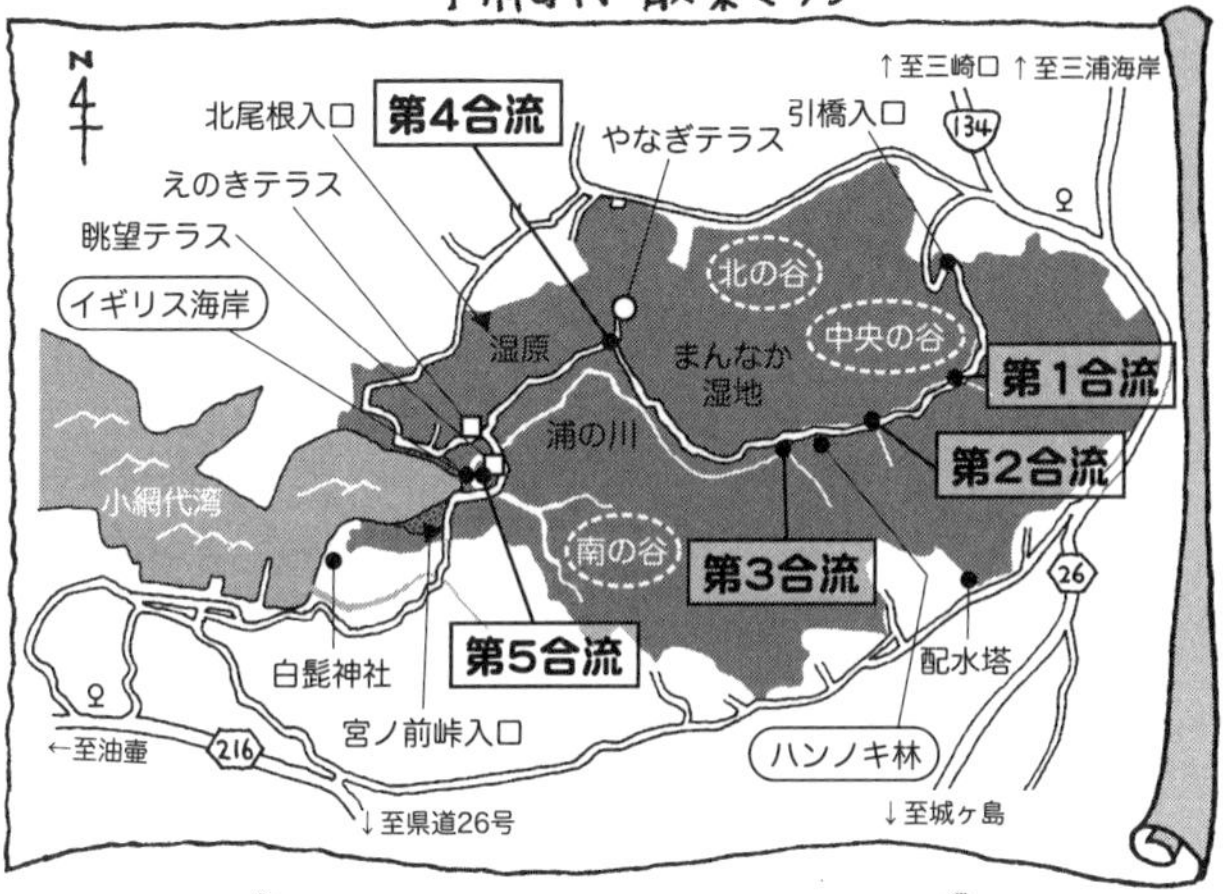

引橋入口〜第1合流みどころ

一気に下る階段道…蝶の飛ぶ道・クサギの花(夏)…雑木林風景

第1合流〜第2合流みどころ

シダの群落…スミレ(春)…カワトンボ(春)…セキショウ群落

第2合流〜第3合流みどころ

ハンノキ林…トンボ・ホタル(初夏)…崖にアカテガニの巣

第3合流〜第4合流みどころ

ジャヤナギ木立…まんなか湿地…トンボ・ホタル…崖にアカテガニの巣

第4合流周辺みどころ

浦の川の流れ…ジャヤナギ大湿地…トンボ・チョウ・ホタル…支流の谷の眺め

第4合流〜第5合流みどころ

アシ・オギ・ガマ湿原…トンボ・カエルの泥湿地…サクラ(春)・ハマカンゾウ(夏)

第5合流〜イギリス海岸みどころ

塩水湿地と岩場の海岸…チゴガニのダンス…水鳥の姿

第5合流〜宮ノ前の峠みどころ

トンボ・チョウ・アカテガニ…ヤブツバキの群落(早春)…干潟の眺望

で約10万人といわれています。その多くは、京浜急行電鉄に乗り、三崎口駅で降りてバスに乗り小網代を訪れます。ついでに小網代周辺や三崎港で、食事や観光をされる方も少なくないと思います。交通機関から飲食、漁業、小売りなどさまざまな地域産業に、小網代はしっかり経済的な貢献ができるようになり始めたのでしょう。もちろんこれもまた、１９８７年に私たちがイメージした通りの展開です。

ボードウォークがオーバーユースを阻止

自然環境に訪問者が増加すると必ず心配されるのが、オーバーユース（過剰利用）の問題です。多数の訪問者があると、大規模な自然破壊が起きるのではないかという心配です。しかし、この件について私たちは実はあまり心配をしていません。

その理由を説明しましょう。

小網代は、入り口から出口まで基本的に1本の散策路が整備されています。湿原地域は全てボードウォークの形式です。訪問者が自由に移動できるのは、尾瀬の湿原などと同じように、延長１３００ｍのこの散策路のみ。そこから外れないようにお願いしています。

このため、訪問者の通行で直接間接的に自然に影響を与える可能性のある領域は、最大で見積って散策路とその左右を含めて幅4mほど。散策路の全長を1300mとして全体で5000㎡ほどです。

現状で私たちが作業をして手入れを行い、湿原や生物多様性の回復、安全対策をしている中央の谷の底面の面積は約5ha＝5万㎡ですから、訪問者の散策で影響を受けそうな面積は、最大10％ほどということになります。小網代の谷全体は、まだ訪問者の目にほとんど触れることのない枝沢の領域を含めて、投影面積で70ha＝70万㎡、斜面の実面積ではおそらく100ha＝100万㎡の規模があるだろうと思います。

上記の5000㎡は、その1／140、ないしは1／200程度ということになるでしょう。50㎡のマンションの床に、お父さんのスリッパの足跡が10個分つくくらいの面積ですね。訪問者が散策路から出て湿原や森の中を意図的に大規模に荒らすといったことがない限り、1日に数千の訪問者があってもオーバーユースによる自然破壊の恐れは十分に避けることができている。私たちはそう考えています。

オーバーユースを回避できているのも、小網代の谷に、宙に浮いた状態の木道＝ボードウォークを通したおかげなのです。

「人工の木道＝ボードウォークを通すのは環境破壊だ、景観破壊だ」と批判する向きがありますが、少なくとも小網代に関しては、ボードウォークはむしろ小網代の環境保全に寄与している可能性もあります。

もしボードウォークがなければ、訪れた人々は地面を直接歩くことになります。となると、湿原は普通の靴では歩けません。小網代は気軽に訪れる場所ではなくなります。一方、たくさんの人が長靴を履いて、湿原を歩き回ったら、そのほうがはるかに環境破壊につながります。またマムシなどの有害生物に出会ったり、転んで怪我《けが》をする可能性も高くなります。

さらに小網代のボードウォークは基本的に宙に浮いた構造になっていますので歩行面の下は水や生きものが自由に行き来できます。少し日陰となるので日射の強い湿原の真ん中では、むしろ生きものたちが日よけをする場所にもなっています。実際、小網代の希少生物の筆頭でもあるサラサヤンマが、ボードウォークの日陰に産卵をしている様子が何度も目撃されています。ボードウォークのおかげで、小網代では、利用者と生きものたちとの共存が促されている面もあるのです。

ずっと続く保全作業

さて、小網代の谷の制度的な保全が実現し、散策路やテラスなどの基本整備ができ、シダの谷、ハンノキの谷、さまざまな湿原、そして水系と、そこににぎわう生きものたちの多様性の基本的な回復が進んだ現在、私たち「NPO小網代野外活動調整会議」が、どんな活動を行っているのか紹介していきます。

小網代の谷の自然回復や安全管理などの日常作業は主に二つあります。「定例作業」と「流域作業巡視」です。

いずれも、調整会議のスタッフが、朝から夕方まで終日にわたって土木作業や、水系作業、さまざまな生きものの世話や調査、さらには散策路や自然のパトロールを行うものです。

定例作業は、毎月第3日曜に行われています。毎回30人ほどの作業スタッフが集まり、揃《そろ》いの青いビブスを付け、作業用ヘルメットをかぶって、さまざまな土木作業を行います。朝10時から夕方4時まで。真冬でも汗をかくほどの充実した作業になります。

作業概要は、あらかじめ神奈川県、(公財)かながわトラストみどり財団、NPO調整会議の三者で決めておきます。具体的な作業内容は、NPOの責任担当者の協議で詰めてゆきます。

作業の一般的なメニューは谷底の湿地化を進めるためのササ刈りやヤブ刈り、水系コントロールのために川の流路を変えたり、水路を掘ったり、杭《くい》を打って堰《せき》をつくり、地下水位を上げる土木工事などです。さらに大きくなりすぎて森や川を暗くしている木々の伐採、アオキやヤツデなど林床部を暗くして他の植物の生育をさまたげる低属性常緑樹の除伐などです。

スタッフは、ノコギリやハサミ、刈り払い機、時にチェーンソーなどを使用して、自然の「手入れ」を行います。第3日曜日の小網代訪問時に、ブルーのビブスを付けたスタッフが、草刈りや杭打ちをしていたら、NPOの定例作業だと思ってください。

「流域作業巡視」は、毎月6〜10日前後の予定で複数のスタッフが、朝から夕方まで行う各種作業と巡視です。

1か月に1回の定例作業だけではフォローできない、きめの細かい管理作業、自然の調査、通路安全のチェックなどを行うのが基本ですが、干潟観察の際の、マナーの啓発、なども実施します。

小網代の干潟自体は、まだ保全地域ではありません。このため、訪問者の増加で環境破壊を受ける恐れがあるのは、谷の自然ではなく、むしろの干潟の自然なのです。

春から秋にかけて、昼間の引き潮の日程で干潟にスタッフを配置して、生息するカニをはじめとするたくさんの生きものたちを訪問客が踏み潰したりしないように、また楽しく観察できるように、現場で観察マナーをアドバイスし、生きものの観察のサポートを行っているのです。これも「流域作業巡視」の重要な仕事です。

定例の管理作業の一環として、私たちは、「津波」が起きたときにすぐに避難できるよう、避難路の整備も行っています。

小網代の谷は下手の大湿原のいちばん奥、やなぎテラスの地点で標高7mです。小網代の谷が面している相模湾《さがみわん》に関しては、相模トラフで大地震のある可能性が指摘されていて、その場合、地震発生から数分で7m規模の津波が小網代湾奥に到達する可能性があると予想されています。このため、私たちは、下流大湿原周辺から標高20~30mの地点まですばやく避難できるよう湿原地帯にはえのきテラス脇、干潟周辺では、右岸塩水湿地脇にそれぞれ1か所、高台に避難できる津波避難路を設けました。訪問の折は、ぜひ確認してみてください。

小網代の自然を楽しみたい、けれども小網代のことをよく知らない、という一般の方々のために、私たちNPO小網代野外活動調整会議では、「ボランティアウォーク」というイベントも毎月開催しています。

自然を楽しみ、同時に自然再生に、少しだけ貢献するボランティアの仕事にも参加できる午前中限定の個人参加向きのプログラムです。

毎月第3日曜日、午前10時引橋バス停脇の食品スーパー・ベイシア2階の小網代の森インフォメーションスペースに集合していただければ、予約なしで、どなたでもその場で参加できます。集合後、そこから小網代の森の入り口から河口まで散策路1300mに沿って自然を楽しみ、学びながら歩き、ボランティアも体験していただきます。

引橋までは、京浜急行三崎口駅から引橋・油壺入口方面行のバスで2つ目です。

小網代は毎月、出会える生きものや植物の顔ぶれが変わります。3月には、源流の谷をアスカイノデの新葉が埋め尽くし、月末にはオオシマザクラの純白の開花に出会えるかもしれません。4月には、フデリンドウやフジの美しい紫の花、川辺にトンボの姿もあるでしょう。5月には、上品な赤のヤマツツジ、緑色の目が美しいサラサヤンマ、数多くのアゲハチョウの仲間、干潟ではにぎやかなチゴガニのダンスも始まっています。6月は、ウグイスのさえずりの響く森、移動するたくさんのアカテガニの姿、引き潮の干潟ではカニたちの活動がさらに活発になっているはず。7月はトンボ、アゲハ、クワガタムシやカブトムシの季節。8月にはオレンジ色のハマカンゾウに蟬時雨《せみしぐれ》——。9月、10月も、なおにぎやかな蝶たちの姿があることでしょう。そして11月、小網代の湿原は、一面のアシ、オギの穂波に覆われます。

季節ごとの小網代の、そんな景色や生きもののにぎわいをスタッフの解説を聞きながら楽しんで散策することができます。

さらに、その月ごとにテーマを設け、ササ刈り、外来植物除去などのボランティア体験もしてもらいます。小網代の「自然のすごさ」に驚き、「作業のおもしろさ」に目覚めた方の中には、私たちNPOの本格的な定例仕事に加わりたい、という方もいらっしゃいます。

さらなる「企業」と連携に期待

小網代保全の途上では、多くの財団法人、企業などの基金・助成金が私たちの活動の支えとなったことはすでに触れた通りですが、保全が確定し、小網代の安全、魅力確保、自然のさらなる回復や維持管理がNPOの仕事の中心となった今、私たちは改めてさまざまな法人や企業との連携による事業促進に期待しています。

1990年代以来の最大のパートナーが、(公財) かながわトラストみどり財団であることは、すでに詳しく触れた通りです。

京浜急行電鉄とは、そもそも同社が総合的な開発構想を持っていたからこそ、小網代は住宅などで細分開発されることなく、流域の単位で守られてきたという経緯があり、さまざまな連携が進んでいます。

同社は、小網代開園以来、「小網代の自然」、「アカテガニ」をポスターにも採用して三浦半島の観光をアピールしています。京浜急行の関連企業である京急百貨店上大岡店では「小網代の自然」展が開催され、私たちNPOが全面協力しました。

小網代が開園してから、京浜急行三崎口駅利用者が急増し、三浦市の推計では、2014年から2015年にかけて10万人規模の増員があったとのこと。おそらくその多くが小網代を訪れているはずです。私たちがかつて描いたビジョンのとおり、自然のにぎわいを回復してゆく小網代は、京浜急行をはじめとする関連企業にとっても、地域にとっても、重要な観光資源としての道を歩み始めているのでしょう。

小網代湾の出口にリゾートマンションとヨットハーバーを構えるリビエラリゾート社は、湾奥にある小網代の自然を重要な観光資源ともみなしており、小網代の自然の維持にも積極的です。

2005年には、同社のかながわトラストへの寄付金を活用して、NPO調整会議が、アカテガニ広場の奥の小流域で崩壊の危機にあった斜面林の伐採と自然再生の作業を行いました。同社はヨットのプロである白石康次郎《こうじろう》さんを塾長として「海洋塾」という親子で楽しむアウトドア教室を定期的に開いています。リビエラリゾート社は、2012年からこのプログラムに小網代の森の生き物観察とボランティア作業が加わり、講師をNPOのスタッフが務めて、小網代の魅力を参加者に伝えています。

小網代の自然の保全に協力してくれる企業は、地元ばかりではありません。東芝グループの照明器メーカー、東芝ライテックは2013年以来、小網代の海岸沿いの希少植物ハマカンゾウを増やす支援をしてくださっています。ハマカンゾウはユリの仲間で、8月の半ばから9月にかけて小網代の海岸沿いでオレンジ色の綺麗な花を咲かせますが、津波による浸食や盗掘で激減しており、NPO法人鶴見川流域ネットワーキングとも連携した新しい試みが始まっているのです。この活動に大日本印刷社も賛同し、2015年から同様の域外保全による支援が始まりました。

このほか、緑の再生支援をしてくださる企業、キリンビール、レストラン髭《ひげ》じいの栖《すみか》さん、地元小網代町内会などはベンダーの売り上げから寄付金を工夫してくださるなどの動きもあります。

コピーライターであり、現在日本を代表するウェブメディア「ほぼ日刊イトイ新聞」を主宰する糸井重里さんは、「ほぼ日」と連動して小網代の保全活動を応援してくださっています。

2014年春オープン前に小網代を訪れてくださった糸井重里さん（中央、左が岸、右が柳瀬）

さらに、小網代訪問をメニューとして、観光イベントを企画するさまざまな企業からも散策案内のガイド事業の要請があり、研修を終えたスタッフたちが対応に追われ始めています。

いずれの連携でも調整会議による小網代の自然回復、パトロール事業等への、直接、間接の資金支援が工夫されているのです。

学校や関連のNPO法人等との連携も進んでいます。東京環境工科専門学校は、すでに10年にわたり、小網代の谷の要注意外来植物トキワツユクサの除去や、アスカイノデの保護作業に貢献してくださっています。

自然の調査や回復事業の領域では、地元漁協との協同も進められています。東日本大震災時に消滅してしまったアマモ群落の回復は、小網代の干潟と海の最大課題の一つです。これについては、地元漁協を基盤としたNPO法人小網代パール海育隊等の地域活動を支援する方式で、NPO水と緑の環境ネットワークなどとも共に活動を進めています。

小網代保全の意義が広く理解されてゆくにつれて、さらに多彩な企業・法人等との社会貢献（CSR）、社会貢献型の広報事業（CSV）等の分野にかかわる活動が、（公財）かながわトラストの各種事業などとも関連しつつ、進んでゆくものと期待しています。

NPOの現在そして未来の仕事

小網代のガイドと利用の調整をする

2014年7月の一般公開以降、小網代訪問、小網代利用を希望する団体などへの情報提供、調整作業もまた調整会議の大きな仕事の一つとなっています。

テレビ、インターネット、雑誌、ラジオなどでの紹介も重なって、市民団体、学校、旅行会社、場合によっては行政などが企画する団体の訪問がにわかに増えてきています。これらの団体に、小網代利用に関する基本情報、アドバイスを提供するのも、私たちの重要な活動の一部です。

電話や、メール等で訪問の希望を受けた場合、まずは、訪問の日時、人数、行程や案内の希望などを伺い、それぞれにあわせた必要情報を、電話やメールで提供します。

小網代利用の基本は自由利用なので、県の基本的な利用規定（195頁）を遵守してくだされば、原則的にはNPO調整会議に相談する必要はないのですが、現実的には、同じ日時に大集団の訪問が重なってしまう場合や、干潟の観察をしたいのに、満潮の時間帯に訪問しようとしたり（当然、干潟は海の中に隠れて観察はできません）、駐車場はないのに車で訪問することを前提としていたり、駐車場所を決めずに大型バスでの訪問を予定したり、保全地域内にトイレや休憩施設の無いことを知らなかったり、スズメバチやマムシの危険、熱中症への準備がなかったり、コースの確認もなし、案内や安全対応の要員もなしに100人、200人、時には500人、800人の規模での散策を希望したり――。そのまま実施したらトラブルを避けがたいような計画での訪問希望が本当に多いのです。

すべてのケースで円満に私たちのアドバイスを聞いていただけるわけではなく、残念な事故がおこってしまうこともあるのですが、問い合わせ、要請があれば、可能な範囲で必要な情報、アドバイスをお届けするのがNPOの仕事と考えています。

訪問にあたって詳細の企画立案、安全管理、自然案内などを要請される場合は、NPOのスタッフが、県の了解にもとづいて、有償で対応します。

基本は訪問者15人を単位にして、研修を修了したガイド1名が付き添い、謝礼1万円で付き添います。謝礼はNPOに振り込まれ、一部はスタッフへの謝礼、残りはNPO調整会議の流域管理作業の経費に組み込まれます。ガイドについては、徐々に理解が広がって、多様な団体から要請が届くようになりました。

県とかながわトラストの協働事業

神奈川県や、(公財)かながわトラストみどり財団の企画するイベントなどを支援することもあります。

小網代の谷が保全地域に指定される以前、海岸でのアカテガニの放仔《ほうし》活動観察会は、以前は調整会議の自主事業でしたが、保全地域指定後は、主催者は(公財)かながわトラストとなり、財団の公募する「カニパト」参加者の案内を、調整会議が担当する方式となっています。また、財団の主催する各種大規模な自然観察会やイベントを、調整会議が協働支援することもあります。さらに5月末から6月上旬のホタル発生の季節には、神奈川県が特例として、保全地域への夜間の市民立ち入りを許可する期間を設けており、この時期の夜間の安全対応支援もまた、調整会議の仕事になりました。

明日の小網代をつくるスタッフの養成

定例の管理作業、流域作業巡視、利用調整作業、ガイドの受託、さらに県や（公財）かながわトラストとの連携協働作業を進めるために、私たちは、年間1000人を超える規模の有償のスタッフの作業を必要としています。それぞれの仕事をしっかりこなせるスタッフの養成が、今大きな仕事となっています。

こうした仕事をするスタッフに対しては、交通費と1日の作業費謝礼を払う仕組みをつくっています。

作業やガイドを希望する市民や学生の研修は、経験を積んだナチュラリストたちが担当し、研修を通し、現場での実践を繰り返して、スタッフ養成をしています。現在、研修・実践のプロセスに登録しているスタッフは100名規模で、毎年更新されています。事務局では、必要な研修機会の提示、実践作業の提示を通して、希望者をつのり、スタッフの養成と実践を両輪で進行中です。

小網代流域はこれからどのように守られてゆくか

緊急回復作業から、小網代の未来をつくる中期計画へ

そろそろ、小網代の森をめぐる保全の歴史紹介も、しめくくりです。ここで改めて小網代保全のためのハード作業のこれからの展望、直近の大きな課題にふれておきたいと思います。保全地域確定にともなう開園前後のこの数年間、神奈川県とNPO調整会議が全力で進めてきた環境回復作業は、一部の特例をのぞくと、散策路周辺の谷底部の、5～6haの領域に集中していました。中央の谷の湿原化を軸として、基本はなお緊急作業の段階にありますが、本書の執筆されている2016年春の現状は、その領域における定例的・継続的な管理作業の方式が、ようやく定型化できる状況になったところ、といってよいかもしれません。

基本作業の定型化をうけて、主要な枝沢の整備、水系の詳細回復、拠点となる支流小流域の集中的な整備など、中期的・計画的な回復にむかうべき、次の段階が始まっているかと思

われます。

特に、先行して回復管理のすすめられた中央の谷の湿原維持のための水源として重要な効果をもつ沢群については、それぞれの沢の出口、5～100m程度の範囲について、土砂堆積誘導等による保水力回復の作業を急ぐ必要があり、すでに一部で回復作業が進んでいます。

作業の原理は中央の谷の場合と同じです。枝沢を流下する流れの縦浸食を阻止し、谷の地下水位を上昇させるとともに、それぞれの上流・中流部から大雨時に流下する土砂を様々な工夫で堰《せ》き止め、堆積させることによって枝沢の保水力を向上させ、それぞれの谷から平常時に流出する流れ（定常流といいます）を安定的に増加させる作業をすすめてゆきます。この範囲をこえる枝沢奥の広大な領域における、水循環や生物多様性の保全回復については、特別の場合をのぞいて、さらに将来の課題になってゆくでしょう。

当面の焦点

この場合、当面の焦点となるのは次の4つの作業となる予定です。

①「北の谷」を水の豊かな谷に再生する

小網代・浦の川流域全体配置図

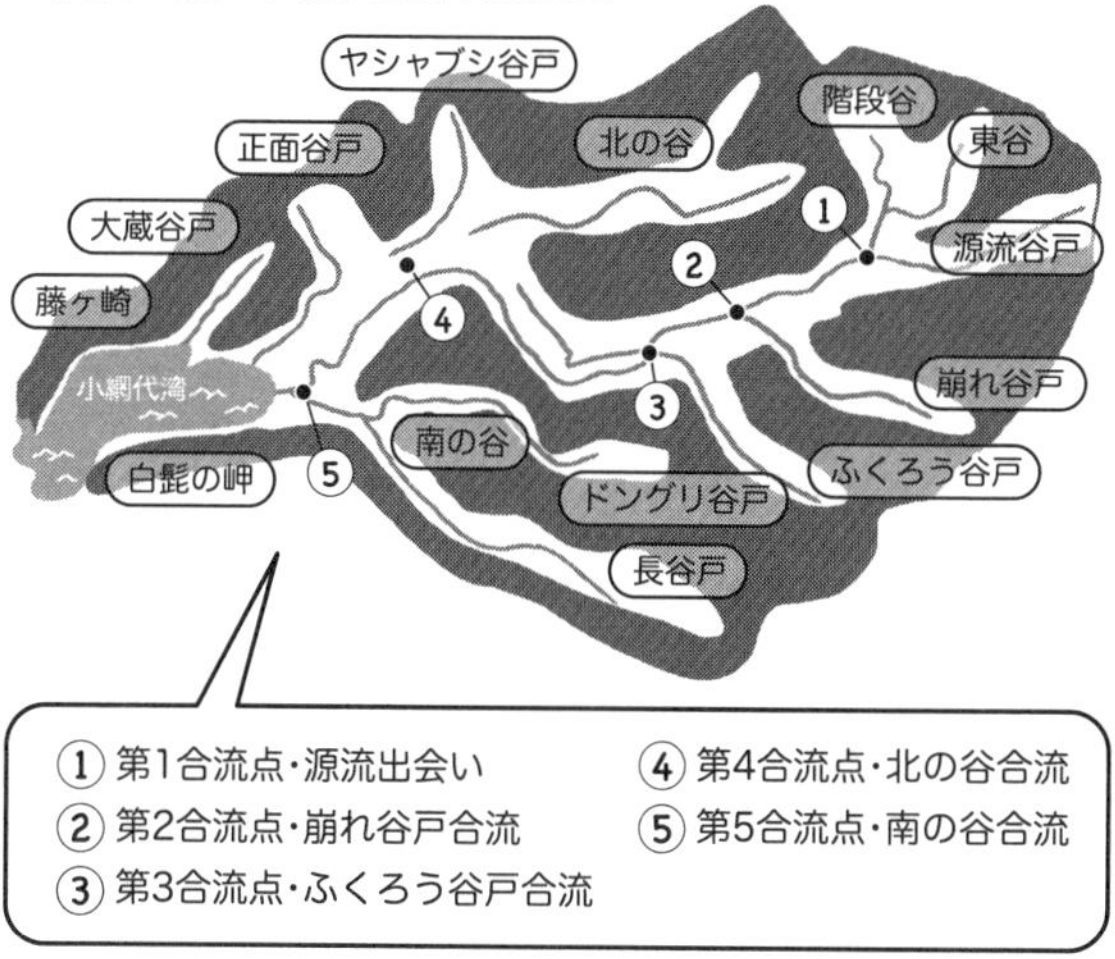

やなぎテラスに面した北の谷17haは、下流大湿地の最大の水源地です。この支流流域が集水する雨水をしっかり保水し、晴天時も、いまより豊かな流れを確保できるようにするための整備を集中的に進めてゆきます。具体的には、谷底に数段の棚田（保水池）の構造を再生し、左右の斜面からのびる谷を暗くしている樹木も適度に残しつつ、蒸発散量の少ないと予想されるセキショウの大群落を育成していきます。すでに予備作業を始めているので、数年で基本的整備を終えることができると思います。

②「南の谷」を自然豊かな谷に再生する

「北の谷」同様の規模をもつ「南の谷」は、

浦の川本流も凌駕《りょうが》するほどの流量があり、流れも、湿原も、斜面の森も、含めて小網代の流域生態系における生物多様性回復のサンクチュアリ（生物多様性の総合的な回復保全地）として再生し、整備する予定です。まずは数年をかけて、下手100mほどの区間の湿原化と、流れの整備を進めます。

本流である浦の川よりもはるかに水量が多く安定していることから、アユや多様なハゼ類の遡上を誘導するような水系の回復は、浦の川本流の谷ではなく、当地が拠点となってゆくと思われます。

③大蔵沢の整備

アカテガニ広場の上流にあたる大蔵沢の整備もこれからの重要な仕事です。今後の数年間では、谷底に密生するササ原、藪《やぶ》を伐採して谷全体を明るくしたうえで、谷底の地下水位上昇を工夫するとともに、斜面の崖地の環境整備も進めて、全域をアカテガニたちがにぎやかに暮らす、モデル地域にしてゆくことが計画されています。企業などからの特別な支援も検討されているので、数年から5年の規模で整備が進められると考えています。

④浦の川河口部を昔の干潟に戻す

浦の川の河口の石橋は、かつて小網代の干潟を展望する絶景ポイントとして、長い間、小網代を訪問する人たちの名所の一つでもありました。しかし、いまこの石橋は今回の保全を契機に閉鎖されることとなり、すでに通行禁止となっています。

当地では、２０１１年３月11日の東日本大震災のおり２日間にわたって続いた高波による浸食をきっかけとして、洪水や潮汐による橋脚周辺の浸食が年々激しくなり、南側の橋詰が崩壊して橋の再建も困難になりました。

これをうけ神奈川県は石橋の再生を諦め、私たち調整会議からの提案をうけて、浸食の進む河口部の草原地帯を広く干潟に戻してゆく方策を採用しているのです。

そもそも河口の石橋から上手１００ｍほどの浦の川の河口部は、50年ほど前まで田んぼでした。さらに昔に遡り明治時代の地図を確認すると、実は周辺全域が小網代湾の湾奥そのものの干潟地帯だったことが判明しました。河口に堰を設けて、河口部の干潟を干拓し、田んぼとして造成した歴史があったということです。この歴史を確認し、河口の陸地一帯を、潮汐の力のままに干潟にもどし、えのきテラスから南の谷の出口にそって伸びる散策路と眺望デッキ（京浜急行電鉄によるＣＳＲ散策路・デッキ）の縁までいずれ干潟に戻してゆこうという計画です。干潟回復のための軽度の土木作業を実施してゆけば、おそらく、5年ほどのあいだに、全域の干潟化を達成できると思います。その暁には、京急散策路、眺望デッキの足元が干潟となり、夏の干潮時には、チゴガニのダンス、夏の夕暮れにはアカテガニの放仔も、観察できるようになるかもしれません。さらにこのエリアの干潟に面した散策路下の斜面には、ハマカンゾウや、ハチジョウナ、ハマヒルガオなどの海浜植物を回復維持してゆくこともできるでしょう。

現在、小網代の海岸地にかろうじて残されている海浜植物は、潮汐によって生息地が浸食されたり、盗掘にあったりして、その数が激減しています。京急散策路沿いの斜面地はこうした海浜植物の新たな生息適地となってゆく可能性があるということですね。

干潟の保全へ

森と干潟と海の連接する小網代生態系の、広域視野における次の最大の課題は、河口干潟の保全です。

小網代の谷を流れ下った浦の川は、古い石橋を抜け、小網代湾に注ぎます。今保全されている小網代の森はこの石橋まで。すこし正確にいうと、降る雨の水がこの石橋の河口地点にあつまる大地の範囲（＝小網代の流域）とその周辺の岬の一部が、70haの規模で近郊緑地保全地域に指定されているのです。さらにこまかくいうと、その70haのうち引き潮時、石橋から干潟を貫いて流れる澪筋《みおすじ》もふくめた浦の川に雨の水の集まる陸地の範囲（両側の岬の一部が含まれます）だけが、小網代近郊緑地特別保全地区の65haの領域に指定されているのです。

にもかかわらず、引き潮時、浦の川が澪筋になって流れる3ha規模の河口の干潟そのものは、まだ、保全地域ではありません。南北を長い岬につつまれたこの河口干潟とその周囲の塩水湿地は、小網代の谷と同様、類まれな生物多様性を擁する、奇跡の生態系です。小網代の森とセットで、そしてもちろん、相模湾に開口するリアスの小網代湾そのものともセットで、ぜひともまるごと保全され、東日本大震災時に壊滅してしまったアマモ場の回復もふくめて、全体として保全されてゆくべき世界です。ぜひとも早急に、当地の保全を実現しなければならないと、私たちは考えています。

小網代の河口干潟の保全については、調査ならびに論文等の報告作成を進めている私たちNPOだけでなく、神奈川県も大きな関心を払い、すでに環境省などにも打診をしているところです。ただし、地元の漁業者による干潟の利活用や、地域の観光資源としての活用、さらに訪問する市民の干潟利用などの今後も考えると、ラムサール条約湿地の指定などによる厳正な保護一辺倒の対応ではなく、厳正保全域とともに多様な利活用域の共存も実現できるような、柔軟な保全の枠組みを、神奈川県が独自に工夫する道が妥当ではないかと私たちは考えています。地元漁協やリゾート産業を含む地域の都合ともしっかり調整しながら、新設の柔軟な保全条例等が工夫されることを、期待しておきたいと思います。

全体整備に20年?

小網代の谷は、上から見た投影面積で70ha、斜面を含む実面積でいえばおそらく100ha規模の自然地です。中央の谷の谷底から始まっている環境再生・生物多様性回復作業が、枝沢全域にのび、小網代流域全域に及ぶのは、さらに20年あるいはそれ以上の年月が必要になるかもしれません。

そのころには、行政や地域との合意も順調にすすみ、神奈川県の条例による干潟の保全も実現しているのではないでしょうか。あと20年ほどで、小網代の流域と干潟、小網代浦の川の拡大流域生態系は、ひとまず全体的な保全・回復・管理の整備を達成することになるのだろうと、私は予想しています。

その頃にはまた、干潟地域から相模湾にいたる延長1000mを超える小網代湾そのものも周囲の下水処理などが進んで、亜熱帯域に近いみごとな海の生態系を回復している可能性が高いと思います。森と干潟と、海の生態系が連接して構成する、小網代の拡大流域生態系は、そのとき奇跡の海浜流域生態系として、内外からさらに高い評価を受けていることでしょう。

〝KOAJIRO〟は、地元三浦市のみならず、公園圏構想の実現されている三浦半島、さらには首都圏の第二次グリーンベルトとして国内はもちろん国際的にも認知されるようになっているかもしれない多摩三浦丘陵群（いるか丘陵）の南の自然拠点として、国際的なエコリゾートのブランド名になっているかもしれないのです。

流域生態系がまるごと自然状態で干潟・海に連なる小網代は、磨き続ければどこまでも輝きを増してゆくはずの生物多様性のダイヤの原石です。地域の誰もが、その本当の輝きを目の当たりにして、誇りとするはずの未来の日まで、調整会議は日々流域の安全、生物多様性の向上、そして自然の魅力化に邁進《まいしん》し続けてゆきたいと思っています。

あとがき

小網代《こあじろ》の森という不思議な〈流域生態系〉の保全と、回復と、未来の展望に関する、早足の説明に最後までおつきあいいただき、ありがとうございます。

若い読者のみなさんが読後どんな感想をおもちになったか、できれば、おひとりおひとりに直に聞いてみたい気持ちがつのるのですが、あえてあてずっぽうで言ってしまうと、いまこれを読んでくださっているあなたが、環境保全の問題に強い関心をおもちであればあるほど、本書で紹介された保全実現の顛末《てんまつ》についても、自然回復の苦労についても、今後のビジョンについても、みなさんが日常、新聞やテレビで目にし耳にする常識的な理解とは〈一味ちがう展開〉と感じられたのではないかと思うのです。

小網代は、奇跡の谷。その自然も奇跡の自然なら、その保全、回復、今後の展望についても、実は、反対と対立を軸とする常識とは異なる、ビジョン・共有・連携の不思議にみちているはずなのです。

しかし私たちは、小網代保全のこの展開こそが、環境保全のすべてのモデル、王道であるなどと主張するつもりは全くありません。小網代のような、ビジョン提示・協働を軸とする保全方式では全く対応できない、ときには厳しい政治対立も覚悟せざるを得ないさまざまな保全課題があることも十分に意識し承知しているつもりです。

しかし逆にいえば、そのような対立と闘争のプロセスこそが、都市における自然環境保全の基本マニュアルであるべきというのもまた、ありえない一般化なのだろうと思うのです。環境保全の課題には、時代、地域、テーマそれぞれの個性に対応した多様・多彩な対応戦略があっていいに決まっているからです。しかしそう確認したうえであえていえば、私たちの周囲で展開される環境保全の活動への理解は、まだあまりに単純かつ紋切型の対立型でありすぎると、私たちが考えていることも事実なのです。

都市と自然、開発と保全の対立は、伝統的なテーマであると同時に、温暖化時代、生物多様性危機の時代の地球にあって、ますます重大なテーマ、あえていえば文明的なテーマになってゆくことでしょう。これについて、〈自然は善・都市は悪〉、〈保全は善・開発は悪〉というような二分法の時代は、すみやかに終ってゆくはずと、私たちは考えています。地球人口全体の動向を展望すれば、すでにその半数以上は都市住民であり、人々はさらに都市的な暮らしをもとめ、地球上のあらゆる地域において都市への集住を進めてゆきます。生態学者として、時代・地域を俯瞰《ふかん》するような遠近透視法の思索もふまえてあえて言ってしまえば、おそらく人間の人間的な暮らしには、実は都市の暮らしこそが基本的にふさわしいのではないかとさえ、私は考えています。

私の見通しが妥当ならば、本当の課題は、自然か都市か、保全か開発かではなく、さらに鮮明かつ広範に、自然と共生する都市、保全と開発、都市的な空間利用・活動と自然（＝生態系と生物多様性）重視の土地利用・活動の協働ということになってゆくのだろうと思うのです。

ここで詳説することはできないのですが、私たちは、そんな展開をささえる基本のアプローチとして、流域という大地の単位生態系、水循環単位に注目し、流域思考の環境保全、流域思考の都市と自然の共生を未来のビジョンとしています。32年にわたる小網代保全の歴史、現在、そして未来は、流域思考にもとづく都市と自然の共生というビジョンの実践であり、応用であり、展開である、「小網代は流域思考のイーハトーブ」（トヨタマーケティングジャパン社の折戸《おりと》弘一《こういち》氏の名言）と思っているのです。

文末になりましたが、本書のとりまとめにあたり、小網代保全のミッションを大きな力で支えてくださっている、神奈川県、三浦市、そして、（公財）かながわトラストみどり財団さんに、心よりの感謝と敬意を表明します。

日々の作業を、事務、現場労働の実践でささえてくれている、すべての小網代保全活動の仲間たちには、特別の感謝を表明させていただきます。ほとんど小網代仲間になってしまい、本書の準備にえんえん手間取る私を、かくも長く放免してくださった、筑摩書房、鶴見智佳子さんには、お詫びより大きな感謝の表現がみつかりません。

さらにその小網代仲間のお一人として、ここに、「70haの市街化区域を流域丸ごと保全するポラーノ村さんの夢の実現はありえない無理」と表明されつつ、深い共感でポラーノ村のビジョンに共鳴してくださり、国際生態学会議の日の意思表明を、神奈川県の自然保護課課長として、その後は、かながわトラストみどり財団事務局長として、お言葉通りに小網代支援を実践され、小網代保全への市民・行政協働の草の根の道を開いてくださった本間正幸さんのお名前を記させていただきたいと思うのです。

小網代保全の実現を直前にして2001年秋、本間さんは御病気で急逝されました。そのご葬儀の席で私は、ご親族から、本間さんが実は宮沢賢治の大ファンであったと告げられ、衝撃につつまれました。私たち同様、本間さんにとってもまた、小網代の谷は、人と自然の共鳴するイーハトーブだったのだと、そのときに至って初めて知った不覚に、私はおおきな後悔がありました。生前、そんな話のできなかった本間さんに、いま、こころからの感謝をこめて本書をささげさせていただきます。まことに僭越《せんえつ》ではあるのですが、ポラーノ村を考える会、小網代を支援するナチュラリスト有志、小網代の森を守る会、そして（任意ならびにNPOの）小網代野外活動調整会議のスタッフとして、支援者として、私たちとともに小網代保全に志をささげ活動してきたすべての小網代仲間たちの総意として、心よりのお礼を申し上げます。

本間さん、本当にありがとうございました。

＊　＊　＊

しめくくりは、本書を読み通してくれた、若者たちへのメッセージとさせていただきます。本書を読んで、小網代の保全の物語は面白い、そこに未来の人と自然の共生を学び考える時間や空間があるかもしれないと、感じてくださったとしたら、あなたもまた、小網代という名前の生物多様性世界のダイヤの原石を磨く時間に、場所に、仕事に、ぜひ、参加してほしいと思います。

本文でもふれたとおり、好天なら、毎月第3日曜日、午前9時30分京浜急行三崎口駅改札まちあわせ。NPO小網代野外活動調整会議の、小網代の自然探険、自然のお世話の一般参加者定例事業、小網代ボランティアウォークが開催されます。そこで同じ感性、同じ理解の同輩や先輩たちに出会えたら、さらに進んで小網代の定例作業をになうスタッフになっていただくことも可能です。

小網代は、流域思考の、イーハトーブ。次は、本のページではなく、三浦半島、生物多様性のダイヤの原石、にぎわう生きものたちの共鳴する小網代の谷で、お目にかかれますように。

岸　由二

ふりかえり・小網代保全を支えた力

１９８３年、「ポラーノ村を考える会」の自然共生ビジョンの提示に始まり、１９８７年、流域思考を組み込んだ「小網代《こあじろ》の森の未来への提案」、『いのちあつまれ小網代』での保全ビジョンの提示を基本として、32年の長きにわたって継続され今日にいたった小網代保全運動は、本当に幸いなことに、その基本ビジョン・提案の骨格をみごとに現実のものとすることができています。

ビジョンの提示、基本となるアセスメント、基本的な構想の提案、そして行政による保全実現を契機とした回復作業への現場参与という、まるで小さな都市計画をシームレスになぞるようなプロセスを経て、いまようやく行政による本格的な中・長期の回復保全計画策定段階にある小網代保全の歴史に、なお現場作業の実行者の一部として参与できている幸せを、私たちは、深く反芻《はんすう》しています。

この歴史を支えた基本の推進力は、１９８７年以来の小網代ビジョンを共有し、「ポラーノ村を考える会」、「小網代を支援するナチュラリスト有志」、「小網代の森を守る会」、「小網代野外活動調整会議」、「小網代野外活動連携ネット」、「ＮＰＯ小網代野外活動調整会議」などのさまざまな団体、さらに学校、行政、企業などの組織も駆使して夢の実現に邁進《まいしん》した、小網代仲間たちのあまり公言されることもないミッションであると私は考えています。

特定の団体が、その団体の名誉や利益のために活動するエネルギーが、小網代保全の本当の推進力だったことは、ただの一度も、ありません。

奇跡の谷小網代の自然をまもり、地域の振興と、三浦半島、さらに首都圏の未来の環境文化のためにその自然を生かしてゆこうというビジョンに共鳴する仲間たちが、さまざまな困難に直面しても希望をすてず、ひるむことなく、快活さをうしなうことなく、小網代の自然に寄り添い続け、歴史の節目節目に合わせて縦横自在に連携し、役割をささえあい、時には組織の解散、改変、新生の苦労もかさねながら、目標に向かって信頼し協働しつづけた成果がいまここにあるのだと、感じています。

そのミッションに共鳴して、地域・広域で応援してくださったたくさんの市民、地元の地区・漁協のみなさん、そして関連する企業、行政から、深い理解と多大な応援があったことも、いうまでもありません。

首都圏周辺の既成市街地において、都市計画上の市街化区域70haもの規模をまるごと自然のままに買収し保全するなどという事例は、おそらく日本国の自然保護の歴史上、空前のことなのではないかと、かつて神奈川県の行政担当者からうかがったことがあります。そんな「空前の保全」の実現は、行政や企業の、私たちのあずかり知ることのできない領域における、さまざまな共感、奮闘、意思決定のかずかずの奇跡の協働なしに達成されるはずがないのです。

あえて私の知る世界だけでいっても、三浦市長久野隆作さん（故人）、神奈川県知事長洲一二さん（故人）をはじめとする三浦市、神奈川県の環境行政にかかわる首長、職員のみなさん、地元地権者の皆さん、そしてそもそもの総合的な開発を企画し、その大規模な変更を決断された京浜急行電鉄さんの小網代の自然の価値への深い理解と、開発ビジョン転換へのご理解、ご決断に、どれほどの敬意と感謝を表明したらよいか、言葉が見つからないというほかないのです。

私たちのビジョンが自認する通りの力を発揮できたのだとすれば、小網代の森は、対立と相克の歴史の中で保全されたのではありません。意見の相違や、相克はあっても、真摯なビジョンの交換、意見・情報の交換を通して形成された未来志向の大きな合意が形成されてきたからこそ、まもられてきた自然なのだと思うのです。

さらにいうなら、そのような合意形成を後押しし、あるいは未来から誘導する力を発揮した、さまざまな世界の動き、偶然の展開さえも、はかりきれない貢献をしたのだと感じています。30年をこえるその合意形成のプロセスに参加されたすべての個人、組織、法人のみなさん、そしてこれに輝きをそえたたくさんの大きな必然と偶然に、心からの感謝を申し上げたい気持ちで、いっぱいです。

そんな私たちの仕事は、開園にむかう突貫作業が本格化した2012年、内閣府の主催する第6回みどりの式典において、緑化推進運動功労者・内閣総理大臣表彰を受けることとなりました。

2015年12月には、小網代保全のミッションを長く共有し、連携する、(公財)かながわトラストみどり財団から、財団設立30周年の記念の式典において、トラスト運動支援への特別の、感謝状を受けとることもできました。

市民協働・連携を基礎とする私たちNPO小網代野外活動調整会議は、関連市民団体、企業、行政と連携し、とりわけ、神奈川県、三浦市、(公財)かながわトラストみどり財団そして地元地域とますます協働を深め、スタッフ一同、小網代の谷の保全回復事業に、邁進してゆく所存です。

小網代保全の歴史年表

・1970　小網代地区市街化区域指定
・1983　「ポラーノ村を考える会」活動始まる
・1985　三戸・小網代開発の構想発表される
・1987　「小網代の森の未来への提案」（ポラーノ村を考える会）出版
　　　　『いのちあつまれ小網代』（岸　由二）出版
・1990　「小網代の森を守る会」発足
　　　　〈この年からトラスト会員募集　数年間で4000人を超える〉
　　　　国際生態学会議エクスカーション小網代訪問
　　　　NHK「地球ファミリー」放映
・1995　県小網代72 ha保全方針発表
・1998　小網代野外活動調整会議発足
・2002　調整会議「かながわボランタリー活動推進基金21」による小網代保全のための県との協働事業スタート（2001年度の事業を春に実施）
・2003　三浦半島公園圏構想発表
・2005　NPO小網代野外活動調整会議設立
　　　　国土審議会・小網代の森近郊緑地保全区域指定（70ha）
・2010　7月、県・国による買収完了。NPO・県による本格整備へ
・2011　神奈川県・三浦市　小網代近郊緑地特別保全地区指定（65ha）
・2014　7月19日施設完成式典
　　　　同20日～一般オープン

小網代の生物多様性　2001年集約版

●動　物			933
★脊椎動物	ほ乳類	9	
	鳥　類	88	
	爬虫類	11	
	両生類	5	
	魚　類	80	
★節足動物			
	昆虫類	563	
	甲殻類	58	
	クモ類	111	
★軟体類			
	陸　貝	22	
	その他	44	
●菌　類			242
●植　物			638
	被子植物	581	
	裸子植物	7	
	シダ植物	50	
◆全　体			1,892

流域思考とは何か？

小網代の自然環境回復の基本となる考え方は「流域思考」です。「流域」は、雨水があつまる大地の領域と定義される生態系です。一般の英語では、river basin といいますが、アメリカ英語では watershed というほうが通じるかもしれません。一般英語では、watershed は分水界という別の意味にもなりますので注意が必要。「集水域」（drainage area）という言葉もまったく同じ意味で使用されます。

水域や大地から水蒸気が空にのぼり、雲になり、雨や雪になって大地に降ると、地表をながれる水は〈流域〉という大地の単位で集水され、川を下り、海に入り、また蒸発して雲になる過程を繰り返します。〈水循環〉とよばれるサイクルです。その循環をもう少し詳しくみると、地表に降った水の行方は、蒸発し、斜面を流れ下り、土壌に浸透し、動物に飲まれ、植物に吸収・蒸散され、川に合流して浸食、運搬、堆積作用を発揮するなど、実に多岐多彩です。そのような多彩な循環の回路を通して、水はさまざまな方式で生きものたちのにぎわいを支え育み、人間の暮らしの、安全、安らぎ、産業にも大きな影響をあたえています。〈流域〉は、地表における、〈水循環〉の、単位となっている生態系なのですね。この特徴に注目し、都市再生や、環境保全につとめる思考を、私は〈流域思考〉と呼んでいます。

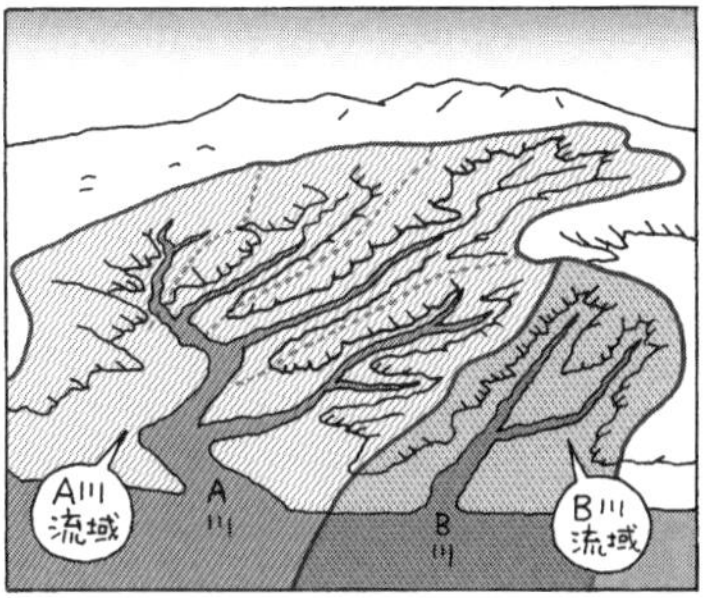

注目すべきもう一つの焦点は、流域が入れ子構造をもっているということです。大地を刻む水系は、本流、支流の樹形のようなパターンをみせます。本流に対応して大きな流域があり、支流の一つ一つに対応してそれぞれ中くらいの流域があり、さらに支流の支流に対応してもっと小さな流域があり、それらは全体として入れ子状の構造になっているのです。たとえば小網代の谷は、降った雨が浦の川の河口にあつまる浦の川の流域です。しかしその流域には浦の川の支流が葉脈のように刻まれて、北の谷、源流の谷、どんぐり谷、南

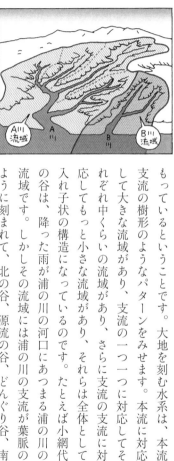

の谷など、小流域が入れ子のように組み込まれて、全体の流域になってもいるのです。

小網代の谷の自然回復は、小網代がたくさんの流域の入れ子構造であることをしっかり認識し、それらが雨の水を流す独自の水循環系であることをふまえて進められています。まずは本流流域の軸となる中央の谷を湿原化し、次に、支流流域の谷の下手を湿原化し、さらにもっと小さな流域を湿原化してゆく。あるいは逆に、小さな沢の緑を回復して保水力をあげ、それらが合流する中くらいの流域の緑を回復してさらに保水力をあげ、やがて本流の中央の谷の流れや湿原に、常に豊かな水が供給され、生きもののにぎわいがよみがえるようにしてゆく。そんな方式が、小網代における〈流域思考〉の自然回復の、基礎になっているのです。

小網代の谷の利用の仕方と注意事項

小網代の谷は、どなたでも自由に無料で散策できますが、いくつか注意事項があります。

①アクセスについて

※駐車場はありませんので、自動車を使わず、公共交通機関でお越しください。

○京浜急行電鉄　三崎口駅バスのりば　1番のりば「油壺」行き、または2番のりば「三崎東岡」「三崎港」行きバスに乗り、「引橋」バス停下車。「小網代の森」の標識に沿って徒歩5分で森の入り口。

○引橋バス停脇の食品スーパー・ベイシア2階に、小網代の森案内のためのインフォーメーション・スペースがあります。地図、資料など多数用意されていますのでご利用ください。

○徒歩の場合は、バス通りに沿って、三崎口駅改札から森の入り口まで、30分。

【参考】移動時間の目安

・三崎口駅
↑（バス約4分）
・引橋 バス停
↑（徒歩約5分）
・引橋入口
↑（徒歩約40分）
・えのきテラス
↑（徒歩約5分）
・宮ノ前峠
↑（徒歩約15分）
・シーボニア入り口 バス停

②**開園時間について**

4月から9月　7時〜18時
10月から3月　7時〜17時

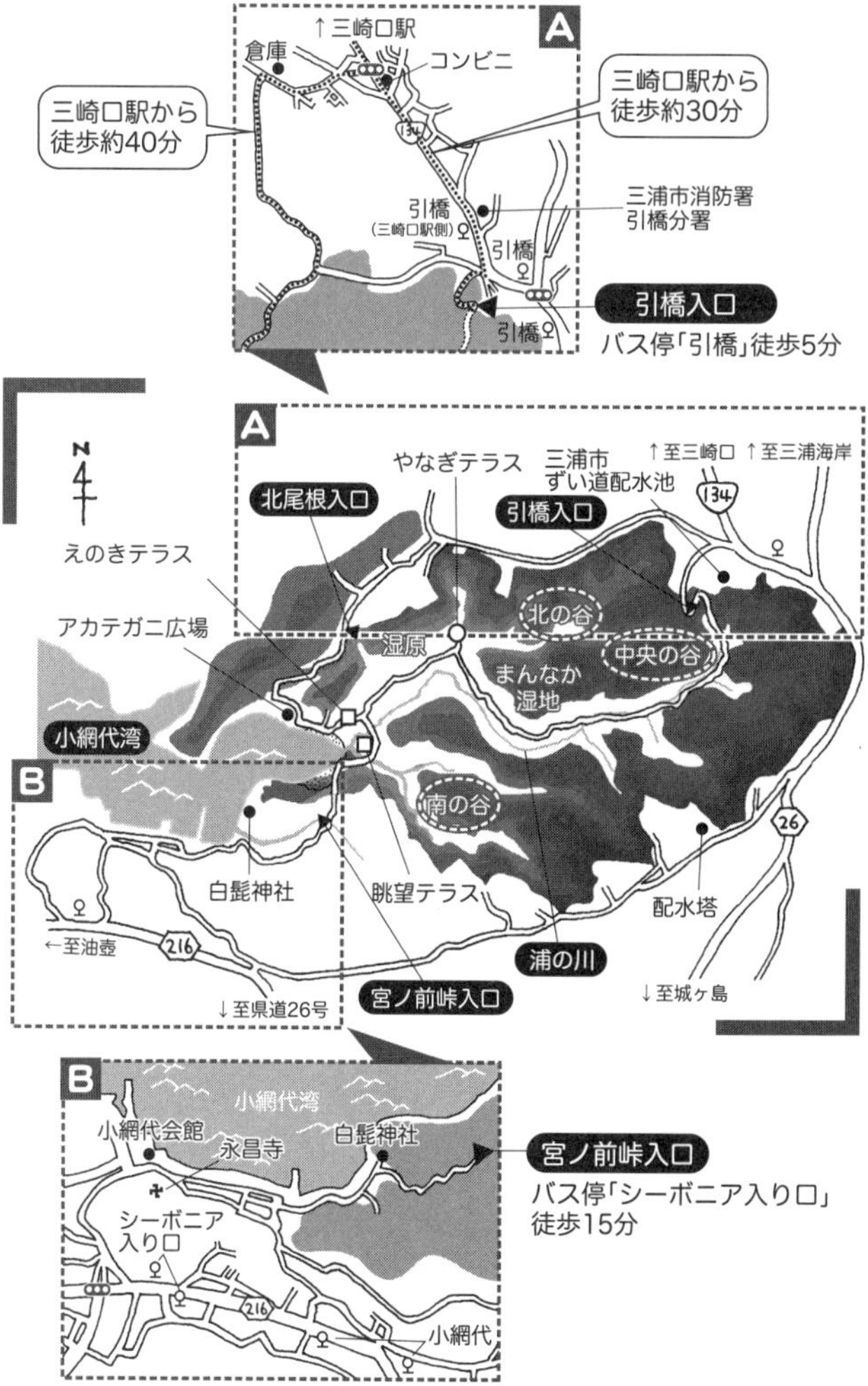
A
↑三崎口駅
倉庫
コンビニ
三崎口駅から徒歩約40分
三崎口駅から徒歩約30分
134
三浦市消防署引橋分署
引橋（三崎口駅側）
引橋
引橋入口
引橋
バス停「引橋」徒歩5分
A
N
やなぎテラス
三浦市ずい道配水池
↑至三崎口
↑至三浦海岸
134
北尾根入口
引橋入口
えのきテラス
アカテガニ広場
北の谷
湿原
中央の谷
まんなか湿地
小網代湾
B
南の谷
26
白髭神社
眺望テラス
配水塔
←至油壺
216
浦の川
宮ノ前峠入口
↓至県道26号
↓至城ヶ島
B
小網代湾
小網代会館
永昌寺
白髭神社
宮ノ前峠入口
バス停「シーボニア入り口」徒歩15分
シーボニア入り口
216
小網代

③小網代の森の利用について

小網代の森では、次のことに気をつけてください。

○動植物を採取したり、傷つけたりしないでください。

○動植物を持込まないでください。ペットを連れての入場もご遠慮ください。

○散策路以外には立ち入らないでください。

○ゴミは必ず持ち帰ってください。

○喫煙やたき火など、火気の使用はしないでください。

○キャンプをしないでください。

○スズメバチ、マムシ、触れるとかぶれてしまう植物など、危険な生きものがいます。

○芳香剤やジュースなどはスズメバチをひきつけることがあります。特に飲みかけのジュースは中にハチが侵入することがあり大変危険です。

○長袖、長ズボン、濡れてもよい靴や履き慣れた靴を着用してください。

○他の利用者や近隣住民に迷惑をかけないよう、マナーを守って散策してください。

○森の中にはトイレがありません。三崎口駅または宮ノ前峠近くの公衆トイレを利用ください。

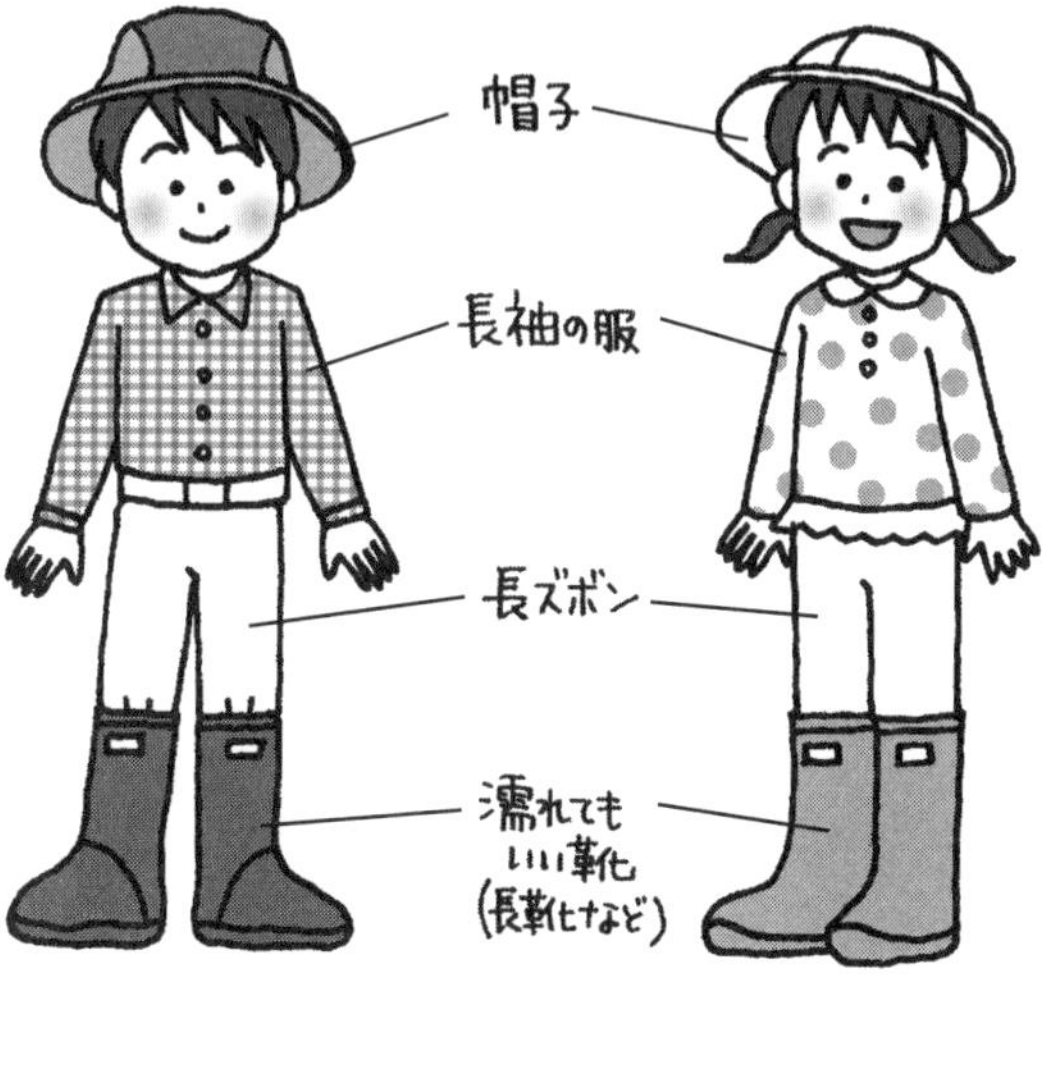
帽子
長袖の服
長ズボン
濡れてもいい靴(長靴など)

④関連ホームページ

詳しくはこちらのホームページをどうぞ
神奈川県のホームページ http://www.pref.kanagawa.jp/cnt/p820028.html

公益財団法人かながわトラストみどり財団のホームページ
http://ktm.or.jp/contents/national/trust/basyo/koajiro.html

ＮＰＯ法人　小網代野外活動調整会議 http://www.koajiro.org
事務所　〒２２３-００５３神奈川県横浜市港北区綱島西2-19-1　レーベンス綱島西Ａ棟
ＴＥＬ　０４５-５４０-８３２０　ＦＡＸ　０４５-５４６-４３４４

なお京浜急行三崎口駅前に三浦市の観光案内窓口がありこちらでも小網代の案内があります。

⑤怪我をしてしまったら

重大な怪我、緊急を要する病院などで救助が必要な場合の連絡先は
三浦市消防本部　０４６-８８２-０１１９
三浦市民病院　０４６-８８２-２１１１
消防署などに住所を知らせる目標は
白髭《しらひげ》神社　三浦市三崎町小網代１５１６

ちくまプリマー新書

205
「流域地図」の作り方
――川から地球を考える
岸由二
近所の川の源流から河口まで、水の流れを追って「流域地図」を作ってみよう。「流域地図」で大地の連なり、水の流れ、都市と自然の共存までが見えてくる！

241
レイチェル・カーソンはこう考えた
多田満
環境問題の嚆矢となった『沈黙の春』をはじめとし、今なお卓見に富む多くの著作を残したレイチェル・カーソン。没後50年の今こそ、その言説、思想に向き合おう。

252
植物はなぜ動かないのか
――弱くて強い植物のはなし
稲垣栄洋
自然界は弱肉強食の厳しい社会だが、弱そうに見えるたくさんの動植物たちが、優れた戦略を駆使して自然を謳歌している。植物たちの豊かな生き方に楽しく学ぼう。

193
はじめての植物学
――植物たちの生き残り戦略
大場秀章
身の回りにある植物の基本構造と営みを観察してみよう。大地に根を張って暮らさねばならないことゆえの、巧みな植物の「改造」を知り、植物とは何かを考える。

176
きのこの話
新井文彦
小さくて可愛くて不思議な森の住人。立ち枯れの木、倒木、落ち葉、生木にも地面からもにょきにょき。「きのこ目」になって森へ出かけよう！　カラー写真多数。

ちくまプリマー新書

155
生態系は誰のため？
花里孝幸

湖の水質浄化で魚が減るのはなぜ？　湖沼のプランクトンを観察してきた著者が、生態系・生物多様性についての現代人の偏った常識を覆す。生態系の「真実」！

138
野生動物への2つの視点
——〝虫の目〟と〝鳥の目〟
高槻成紀
南正人

野生動物の絶滅を防ぐには、観察する「虫の目」と、生物界のバランスを考える「鳥の目」が必要だ。〝かわいそう＝保護する〟から一歩ふみこんで考えてみませんか？

036
サルが食いかけでエサを捨てる理由《わけ》
野村潤一郎

人間もキリンも首の骨は7本。祖先が同じモグラにも処女膜がある。人間と雑種ができるサルもいる⁉　——動物を知れば人間もわかる、熱血獣医師渾身の一冊！

178
環境負債
——次世代にこれ以上ツケを回さないために
井田徹治

今の大人は次世代に環境破壊のツケを回している。雪だるま式に増える負債の全容とそれに対する取り組みがこの一冊でざっくりわかり、今後何をすべきか見えてくる。

163
いのちと環境
——人類は生き残れるか
柳澤桂子

生命にとって環境とは何か。地球に人類が存在する意味、果たすべき役割とは何か——。『いのちと放射能』の著者が生命四〇億年の流れから環境の本当の意味を探る。

ちくまプリマー新書

247 笑う免疫学――自分と他者を区別するふしぎなしくみ　藤田紘一郎

免疫とは異物を排除するためではなく、他の生物との共生のための手段ではないか？　その複雑さから諸刃の剣とも言われる免疫のしくみを、一から楽しく学ぼう！

249 生き物と向き合う仕事　田向健一

獣医学は元々、人類の健康と食を守るための学問だから、動物を救うことが真理ではない。臨床で出合った生き物たちを通じて考える命とは、病気とは、生きるとは？

223 「研究室」に行ってみた。　川端裕人

研究者は、文理の壁を超えて自由だ。自らの関心を研究として結実させるため、枠からはみだし、越境する姿は力強い。最前線で道を切り拓く人たちの熱きレポート。

101 地学のツボ――地球と宇宙の不思議をさぐる　鎌田浩毅

地震、火山など災害から身を守るには？　地球や宇宙の起源に迫る「私たちとは何か」。実用的、本質的な問いを一挙に学ぶ。理解のツボが一目でわかる図版資料満載。

112 宇宙がよろこぶ生命論　長沼毅

「宇宙生命よ、応答せよ」。数億光年のスケールから粒子の微細な世界まで、とことん「生命」を追いかける知的な宇宙旅行に案内しよう。宇宙論と生命論の幸福な融合。

ちくまプリマー新書

195
宇宙はこう考えられている
――ビッグバンからヒッグス粒子まで
青野由利
ヒッグス粒子の発見が何をもたらすかを皮切りに、宇宙論、天文学、素粒子物理学が私たちの知らない宇宙の真理にどのようにせまってきているかを分り易く解説する。

054
われわれはどこへ行くのか？
松井孝典
われわれとは何か？　文明とは、環境とは、生命とは？　世界の始まりから人類の運命まで、これ一冊でわかる！　壮大なスケールの、地球学的人間論。

114
ＡＬＭＡ電波望遠鏡　＊カラー版
石黒正人
光では見られなかった遠方宇宙の姿を、高い解像度で映し出す電波望遠鏡。物質進化や銀河系、太陽系、生命の起源に迫る壮大な国際プロジェクト。本邦初公開！

175
系外惑星
――宇宙と生命のナゾを解く
井田茂
銀河系で唯一のはずの生命の星・地球が、宇宙にあふれているとはどういうこと？　理論物理学によって、太陽系外惑星の存在に迫る、エキサイティングな研究最前線。

250
ニュートリノって何？
――続・宇宙はこう考えられている
青野由利
話題沸騰中のニュートリノ、何がそんなに大事件？　素粒子物理学の基礎に立ち返り、ニュートリノの解明が宇宙の謎にどう迫るのかを楽しくわかりやすく解説する。

ちくまプリマー新書

226
何のために「学ぶ」のか
――〈中学生からの大学講義〉1
外山滋比古
前田英樹
今福龍太
大事なのは知識じゃない。正解のない問いを、考え続けるための知恵である。変化の激しい時代を生きる若い人たちへ、学びの達人たちが語る、心に響くメッセージ。

227
考える方法
――〈中学生からの大学講義〉2
永井均
池内了
管啓次郎
世の中には、言葉で表現できないことや答えのない問題がたくさんある。簡単に結論に飛びつかないために、考える達人が物事を解きほぐすことの豊かさを伝える。

228
科学は未来をひらく
――〈中学生からの大学講義〉3
村上陽一郎
中村桂子
佐藤勝彦
宇宙はいつ始まったのか？　生き物はどうして生きているのか？　科学は長い間、多くの疑問に挑み続けている。第一線で活躍する著者たちが広くて深い世界に誘う。

229
揺らぐ世界
――〈中学生からの大学講義〉4
立花隆
岡真理
橋爪大三郎
紛争、格差、環境問題……。世界はいまも多くの問題を抱えて揺らぐ。これらを理解するための視点は、どうすれば身につくのか。多彩な先生たちが示すヒント。

230
生き抜く力を身につける
――〈中学生からの大学講義〉5
大澤真幸
北田暁大
多木浩二
いくらでも選択肢のあるこの社会で、私たちは息苦しさを感じている。既存の枠組みを超えてきた先人達から、見取り図のない時代を生きるサバイバル技術を学ぼう！

ちくまプリマー新書 254

「奇跡《きせき》の自然《しぜん》」の守《まも》りかた　三浦半島《みうらはんとう》・小網代《こあじろ》の谷《たに》から

二〇一六年五月　十　日　初版第一刷発行
二〇二三年十月十五日　初版第三刷発行

著者　岸由二（きし・ゆうじ）、柳瀬博一（やなせ・ひろいち）

装幀　クラフト・エヴィング商會

発行者　喜入冬子

発行所　株式会社筑摩書房
東京都台東区蔵前二―五―三　〒一一一―八七五五
電話番号　〇三―五六八七―二六〇一（代表）

印刷・製本　株式会社精興社

ISBN978-4-480-68958-0 C0245　Printed in Japan